W0053336

Inhalt

Hans-Jürgen Faul · Holger Parsch

Mit Leo G. Linder

Die Autodoktoren
ZWEI DREHEN AM RAD

Die besten Geschichten aus der Werkstatt

Besuchen Sie uns im Internet:
www.knaur.de

Aus Verantwortung für die Umwelt hat sich die Verlagsgruppe
Droemer Knaur zu einer nachhaltigen Buchproduktion verpflichtet.
Der bewusste Umgang mit unseren Ressourcen, der Schutz unseres Klimas
und der Natur gehören zu unseren obersten Unternehmenszielen.
Gemeinsam mit unseren Partnern und Lieferanten setzen wir uns
für eine klimaneutrale Buchproduktion ein, die den Erwerb
von Klimazertifikaten zur Kompensation des CO_2-Ausstoßes einschließt.
Weitere Informationen finden Sie unter: www.klimaneutralerverlag.de

Originalausgabe September 2020
© 2020 Knaur Verlag
Ein Imprint der Verlagsgruppe
Droemer Knaur GmbH & Co. KG, München
Alle Rechte vorbehalten. Das Werk darf – auch teilweise – nur mit
Genehmigung des Verlags wiedergegeben werden.
Covergestaltung: ZERO Werbeagentur, München
Coverabbildung: Foto der Autoren von Fabula Film GmbH und
Patty Chan / Shutterstock.com
Illustrationen: Gisela Rüger
Satz: Adobe InDesign im Verlag
Druck und Bindung: CPI books GmbH, Leck
ISBN 978-3-426-79104-2

2 4 5 3 1

1.

Wir können auch anders

HANS-JÜRGEN: Gibt es was Schöneres als Autofahren, Holger?

HOLGER: Ohne nachzudenken: Ja, Autos reparieren. Ich repariere lieber. Hans-Jürgen ist wunschlos glücklich, wenn er stundenlang hinterm Steuer sitzen darf, aber ich hab nur begrenzten Bock auf Selberfahren, ich finde Mitfahren schön, und wenn wir zusammen im Wohnmobil unterwegs sind, leg ich mich hinten rein.

HANS-JÜRGEN: Ich kann bis zu elf Stunden am Stück fahren, und so lange braucht auch keiner eine Unterhaltung mit mir anzufangen. Ich konzentriere mich aufs Fahren, und dann fehlt mir nichts, alles andere nervt. Meine Frau weiß das und spricht mich nur im Notfall an. Allerdings gibt es einen Satz, den sie sich selten verkneifen kann: »Musst du schon wieder so rasen?« Junge, Junge … Dabei kennt sie die Antwort: »Ich rase nicht, ich fahre bloß schnell.« Der Rest ist dann Schweigen …

HOLGER: … bei 230 km/h. Das verstehe ich nun wiederum. Volle Pulle auf der Rennstrecke, mit einem TT oder Vergleichbarem – macht mir auch Spaß, bin ich dabei. Ich wusste gar nicht, dass ein Hobby-Racer in mir steckt, aber auf einer Rennstrecke fahre ich auch gerne schnell. Seitdem wir die Möglichkeit haben, ab und zu mit schnellen Karren über eine Rennstrecke zu brettern …

HANS-JÜRGEN: Oder so was total Beklopptes zu machen wie beim Stockcar-Rennen mitzufahren …

HOLGER: Ja, stimmt. Auweia. Stockcar. Da kannst du Gas geben wie ein Wilder, eine Riesengaudi. Damals bei dem Stockcar-Rennen in Uelzen hieß es ursprünglich ja, die Birte Karalus wird fahren, damals Moderatorin bei VOX, und die Autodoktoren sollten das Boxenteam stellen, nachdem sie Birte im Vorfeld den alten Audi 80 umgebaut haben. Ein bisschen nur, wie es vorher hieß. Im Klartext bedeutete das aber: alles rausreißen, Überrollkäfig reinschweißen und lebenswichtige Teile nach innen verlegen wie Kühler, Wasserleitungen, Tank und was sonst noch in Flammen aufgehen könnte. Vier oder fünf Tage haben wir uns alle Mühe gegeben, ihren Audi in einen Rammbock zu verwandeln, und dann vor Ort, vor dem ersten Trainingslauf, kriegt Birte plötzlich Angst.

HANS-JÜRGEN: Aber irgendwie auch verständlich: Die anderen Teilnehmer wussten ja Bescheid. Ein VOX-Team geht an den Start, die Autodoktoren sind involviert – das hatte sich herumgesprochen. Und Stockcar-Fahrer sind natürlich Autofahrer der besonderen Art. Die fahren Autos kaputt – das ist doch eigentlich krank. Das Fahrerfeld bestand jedenfalls aus sehr robusten Kerlen, und die haben Birte schon angekündigt: »Dich legen wir aufs Kreuz.«

HOLGER: Das war wörtlich zu nehmen. Die können alle fahren. Und die wissen genau, wo sie dich treffen müssen, um dich rauszukegeln. »Nee«, sagt Birte, »das will ich nicht, das mach ich nicht, ich steige aus.« Da hab ich Hans-Jürgen tief in die Augen geschaut und ihn von meiner Sicht der Dinge unterrichtet: »Ist doch geil! Ich fahr den Audi, du fährst den Capri, auf diese Art haben wir beide Spaß.« Man hatte uns nämlich freundlicherweise noch ein weiteres Fahrzeug, einen Ford Capri, zur Verfügung gestellt, und jetzt mussten wir uns ranhalten. Aber wozu sind wir die Autodoktoren …

HANS-JÜRGEN: Mal halblang, Holger. Wir hatten keine Ahnung von Stockcar-Rennen. Wir wussten nur so ungefähr, was auf uns zukam. Klar, man steuert eine alte Karre mit Überrollkäfig und ohne Scheiben auf einem Schotter- oder Lehmparcours immer im Kreis – in diesem Fall in einer Kiesgrube – und versucht, die Konkurrenten rauszuschießen. Man fährt denen einfach in die Kiste, sodass sie sich entweder überschlagen oder in einen Sandhaufen bohren. Deine Aufgabe ist natürlich, so lang wie möglich im Rennen zu bleiben – also immer die anderen im Auge behalten. Und vor allem immer schön nach hinten gucken, weil du dich auf keinen Fall am Heck erwischen lassen darfst, sonst machst du einen Salto und bist draußen.

HOLGER: Und selber rammen bringt Punkte. Scheppern tut's auf jeden Fall. Also schon unser Gebiet. Und wir haben gewütet, erst bei mir in der Werkstatt, hinterher in Gesellschaft der anderen Fahrer draußen auf freiem Feld. Die Autos mussten sicher sein, die mussten feuersicher sein, da durfte nichts drin rumfliegen, wir also die Kisten komplett ausgeschlachtet, den Rahmen reingeschweißt, damit uns nicht das Dach erschlägt, wenn wir auf dem Kopf landen, den Auspuff nach oben gelegt, sodass er aus der Hutablage rauskam, und vorne einen Eisenschweller reingeschweißt. Der Schweller war eigentlich nicht erlaubt, aber weißt du, wenn du rumgeschleudert wirst und in Gegenrichtung zum Stehen kommst, fahren sie frontal auf dich drauf. Macht dem Fahrer zwar nichts, der hängt in seinem 6-Punkte-Gurt, dem kann nicht viel passieren, aber der Wagen sollte es überstehen.

Dafür war dann aber auch später einige Schrauberei nötig. Zwischen den Trainings und den Rennläufen. Und wie schweißt man an einem Auspuffrohr ohne Hebebühne, aber auf freiem Feld? Man trommelt fünf, sechs Leute zusammen, hebt das Auto an, legt es auf die Seite und stellt es hinterher genauso wieder auf die Räder. Dabei läuft natürlich Öl in den Luftfilter; es qualmt also mächtig, wenn du den Motor danach startest, aber das interessiert da draußen keinen – um dich herum brennt und qualmt es sowieso pausenlos. Ich seh's noch vor mir: Hans-Jürgen ist gerade mit dem Schweißgerät zugange, weil wir den Fahrersitz umbauen müssen, da geht neben uns ein ganzes Auto in Flammen auf. Wir gleich mit unseren Feuerlöschern dahin, das Kamerateam atemlos hinterher, total irre.

HANS-JÜRGEN: Wie Dschungelcamp. Eigentlich überhaupt nicht unsere Art. Hat auch manchmal Überwindung gekostet. Zum Beispiel: Mitten in der Nacht vor dem Rennen müssen wir einen anderen Motor für den Audi auftreiben. Irgendwer im Dorf an der Rennstrecke hat noch einen in seiner Garage liegen, wir also hin, den alten Motor raus, den neuen rein, auf freier Wildbahn, im Zelt, ohne Hebemechanismus, ohne Kran, ohne alles, sind am Ende total fertig, aber Hauptsache, der Wagen läuft, lassen den neuen Motor an, und es macht taktaktaktak … Pleuellagerschaden. Da sagt Holger: »Scheißegal, damit fahren wir trotzdem. Mal gucken, wie lang der hält.« Hat das Rennen auch tatsächlich überstanden … Und weil kein Kameramann die Rempeleien überleben würde, haben wir zum Schluss noch diese kleinen Actionkameras mit Saugnäpfen in unseren Wagen angebracht, vorne, hinten, überall. Unser Ausflug in die Stockcar-Szene sollte ja gesendet werden.

HOLGER: Und als ich an den Start fahre … Ich sitze drin, fest angeschnallt, Mikrofon am Helm – und plötzlich:

kurze Beklemmung, im nächsten Augenblick regelrechte Panik. Nebenbei bemerkt: Ich habe eine bescheinigte Klaustrophobie.

Ich bin gefangen. Ich kriege den Sicherheitsgurt aus eigener Kraft nicht auf. Ich kriege nicht mal den verdammten Helm abgezogen. Mir wird warm, mir wird heiß, ich bin eingeschnürt, ich bin gefesselt, und letzte Nacht das brennende Auto … Ich habe Platzangst, ich will nur noch raus. Wann geht's denn jetzt los? Aber nichts tut sich da vorne. Schaffe es endlich, den Gurt zu lösen, stürze raus, brülle rum, und jetzt hat die Redakteurin ihrerseits Bammel:

»Was ist mit dir?«

»Ich habe Angst.«

»Angst wovor?«

»Angst, aus eigener Kraft nicht mehr da rauszukommen.«

»Was machen wir denn jetzt?«

»Lass mich erst mal zu Atem kommen.«

Ich tief durchgeatmet und dann überlegt: Nützt ja nichts. Muss doch irgendwie gehen … Habe mich also wieder reingesetzt, ruhig eingeatmet, ruhig ausgeatmet, bin zum Start gefahren, konzentriere mich, riskiere einen Blick nach rechts, einen nach links – da brennt schon wieder eine Kiste! Sofort ist die Angst zurück. »Können wir nicht endlich mal starten!!!« –, aber zunächst muss gelöscht werden. Als das Rennen dann losging, war mir allerdings schlagartig alles egal.

HANS-JÜRGEN: Holgers Audi wühlte sich wie eine alte Dampflok durch die Konkurrenz mit seinem hochgelegten Auspuff und dem ganzen Öl, das da in einer schwarzen Wolke rausblubberte. Und mich haben sie gleich zu Beginn in einen Sandhaufen geschickt. Wir hatten vorher ausgemacht: Nicht mit beiden Händen am Lenkrad abstützen, sonst splittern beim Aufprall die Knochen! Aber wer denkt bei dem Durcheinander daran? In dem Moment, wo mich einer in die Düne schickt, merke ich schon, wie ich mit der Hand aufs Lenkrad pralle. Mist. Die Hand ist wohl angeknackst, aber es muss weitergehen, den Rückwärtsgang eingelegt, raus aus dem Sandhaufen, wieder rein ins Gewühl.

HOLGER: Uns hatte es jedenfalls gepackt. Wir sind unsererseits mit Freuden in andere Kisten reingegrätscht. Macht voll Spaß, fremden Leuten die Autos zu demolieren. Du bist bis zum Anschlag mit Adrenalin abgefüllt; Prellungen, Schürfwunden, gebrochene Finger – alles nicht wirklich ein Problem. So lange du mitmischst, atmest du schneller als sonst, spürst keinen Schmerz und hast nur einen Gedanken: Dem krache ich jetzt auch noch in die Seite, und dann nichts wie weiter, nächsten Gang rein ... Was für ein Wahnsinn!

HANS-JÜRGEN: Aber als der Film gesendet wurde, hat er keine überwältigende Quote gemacht. Ich denke mir: Wer unsere Filme sieht und schätzt, der will, dass wir Autos reparieren – nicht, dass wir Autos kaputt machen. Und auch wir haben uns dabei nicht immer wohlgefühlt. Ist halt mal ein Experiment gewesen, eine Erfahrung. Aber am Ende muss man sagen: Das ist nicht wirklich unsers. Insofern vielleicht keine gute Idee, mit dem Stockcar-Rennen anzufangen?

HOLGER: Okay. Ist mir so rausgerutscht. Ich schäme mich. Also zurück in die Werkstatt.

2.
Heiteres Geräuscheraten

HOLGER: Wie muss sich ein Motor anhören, damit dein Puls schneller geht, Hans-Jürgen?

HANS-JÜRGEN: Damit richtig Freude aufkommt? Es gab Zeiten, da musste ein Motor klingen wie eine größere Raubkatze, kurz bevor sie zum Angriff übergeht. Ich brauche nur an einen Achtzylinder zu denken, wie es sie früher gab, schon bekomme ich eine Gänsehaut. Mittlerweile bin ich etwas älter, da darf die Raubkatze schnurren. Leistung soll trotzdem sein. Ich brauche Leistung, aber heute darf sie auf Samtpfoten daherkommen.

Der Sound eines Autos ist für mich trotzdem maßgeblich. Was allerdings heute an Geräuschen aus dem Motorraum kommt … Da arbeitet so ein Dreizylinder-Motörchen unter der Haube, das strampelt sich redlich ab, aber von Sound kann keine Rede mehr sein, das ist so aufregend wie eine Tasse Kamillentee.

HOLGER: Stimmt. Was heutzutage an unsere Ohren dringt, ist kein Genuss. Die neuen Fahrzeuge, die neuen Motoren klingen nach nichts. Das sind nur noch Schrumpfmotoren, spezialisiert auf Schadstoffminderung. Die klappern und tackern wie Nähmaschinen. Keine Laufkultur mehr. Und diese Technik ist mittlerweile Standard.

HANS-JÜRGEN: Erinnere dich, Holger, an den alten Sechszylinder-Ford – wenn der sich so angehört hätte wie die Autos heute, hätten wir gesagt: Der ist nicht in Ordnung, da müssen die Ventile eingestellt werden. Dieser Ford hatte einen so wunderschönen Klang, einen so ruhigen Motorlauf, dass man ihm stundenlang zuhören konnte. Heute dagegen kommt aus dem Motorraum oft ein hässliches mechanisches Geräusch, weil alles mit hohem Druck eingespeist wird. Dieser Druck produziert Resonanzgeräusche, die wahrscheinlich unvermeidlich sind, aber früher wäre so ein Klang das todsichere Zeichen dafür gewesen, dass irgendwas defekt ist.

HOLGER: Ich war ja früher auch jeck nach Sound. Mein Alfa war mir nie laut genug. Da musste ein anderer Luftfilter drauf, da musste ein anderer Auspuff drunter. Damit habe ich heute nichts mehr am Hut. Wir sind kürzlich Tesla gefahren, der produziert überhaupt keinen Sound, und das hatte für mich ebenfalls seinen Reiz. Die Megabeschleunigung eines Teslas ist mir wichtiger. Mich interessiert heute: Welche Auswirkung hat das Auto auf mein Nervensystem, was erleben meine empfindlichen Teile, wenn so ein Wagen loslegt? Der Mensch besitzt ja Lustzentren, die nur von einem Auto angeregt werden können. Kraft muss in unserem Alter jedoch nicht unbedingt hörbar sein.

Aber – und darauf will Hans-Jürgen vielleicht hinaus – nicht nur Autofahren ist ein durch und durch sinnliches Vergnügen, auch Autos reparieren. Es sind nämlich alle Sinnesorgane an einer Reparatur beteiligt und allen voran das Gehör, denn – ein Auto möchte erhört werden. Autos kommunizieren über Geräusche. Das trifft auf den Fahrer zu, das trifft vor allem auf uns in der Werkstatt zu, immer dann, wenn es um die Fehlerdiagnose geht, aber nicht nur dann. Deshalb fängt mit dem Hören für uns alles an. Mit dem Zuhören und Hinhören und besonders mit dem Heraushören, nämlich dem Heraushören von falschen Tönen.

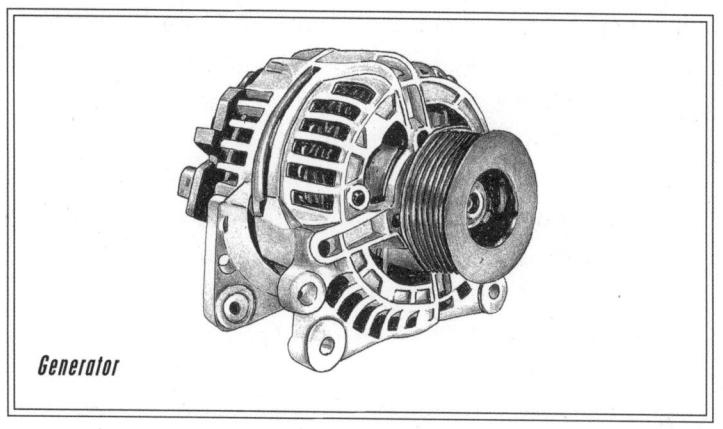

Generator

Als Mechatroniker sind wir Experten für Geräuschwahrnehmung. Vielen in unserem Gewerbe ist das heute gar nicht mehr klar, die gehen bei einem Fahrzeug, das ihnen in die Werkstatt kommt, vor wie ein Zahnarzt, der seinen Patienten ins Maul schaut. Aber bei uns sind die Augen in aller Regel das Letzte, was zum Einsatz kommt. Der erste Schritt besteht gewöhnlich darin, uns in ein Auto regelrecht hineinzuhören.

HANS-JÜRGEN: Ein Beispiel: Ich sehe in der Werkstatt einen Monteur, der gerade einen Generator eingebaut hat und ihn jetzt laufen lässt. Im Vorbeigehen sage ich: »Prima, der funktioniert.« Mein Monteur guckt mich groß an: »Du hast doch noch gar keine Messung gesehen!« Brauche ich auch nicht. Ich höre, ob mit dem Generator alles stimmt. Kann mein Monteur nicht glauben. Ich sage: »Pass auf, ich zeig's dir. Hör gut hin.« Ich ziehe den Stecker vom Generator raus, und sofort bricht ein leiser Pfeifton ab, der eben noch da gewesen ist. Ich schließe den Generator wieder an, und im selben Augenblick kommt das hohe Pfeifen zurück. Natürlich ist das Motorgeräusch lauter, aber für mich übertönt es diesen Pfeifton trotzdem nicht. »Hast du den

Unterschied gehört?« – »Ja, jetzt, wo du's sagst …« – »Das ist das typische Generatorgeräusch.«

Ohren hat jeder. Aber dieses Hinhören und Heraushören will gelernt sein. Gerade in unserem Bereich kann das Gehör dann aber die erstaunlichsten Funktionen übernehmen. Das heißt: Was andere erst mit eigenen Augen sehen müssen, haben wir oft schon lange vorher gehört. Verrücktes Beispiel: Ich verschaffe mir in der Werkstatt allmorgendlich einen Überblick über das, was an Arbeit für diesen Tag reingekommen ist – okay, eine Inspektion, irgendein Bauteil auswechseln, Bremsscheiben tauschen usw. Im Lauf des Tages kann es dann passieren, dass ich aus der Geräuschkulisse in der Halle ein Klopfen heraushöre, das sich keiner der fälligen Arbeiten zuordnen lässt. Aha – was geht da vor? Was denkt sich derjenige dabei? Ich gehe dem Klopfgeräusch nach, ich sage zu meinem Gesellen: »Was machst du da?« Übliche Antwort: »Ich kriege dieses Teil nicht anders ab.« – »Und deshalb hämmerst du drauf rum? Das geht sehr wohl auch anders. Mach's doch so und so …« Ich registriere also blind, welches Geräusch zu keiner der anstehenden Arbeiten passt.

Gehörschulung ist in meinem Betrieb ein Teil der Ausbildung – auch wenn ich das nicht erst laut ankündige; bei Holger wahrscheinlich genauso. Als mein Sohn bei mir gearbeitet hat, sage ich eines Tages zu ihm: »Hörst du dieses Hämmern da draußen im Hof?« – »Ja.« – »Das dürfte aber nicht zu hören sein.« – »Ach, der Kollege wird schon reinkommen, wenn er Probleme hat.« – »Aber so lange warte ich nicht. Denn wenn er kommt und fragt, ist es zu spät. Dann hat er den Schaden schon angerichtet.«

HOLGER: Mich wundert oft, was wir nach all den Jahren im Beruf so hören – und dass es andere nicht hören.

Wenn ein Kunde mir seinen Wagen bringt, schalten meine

Ohren jedenfalls automatisch auf Empfang, Fehlerdiagnose ist sozusagen Detektivarbeit mit den Ohren. Zum Glück tauchen bestimmte Geräusche immer wieder auf, die kennt man schon. Wenn ein Motor beispielsweise Nebenluft zieht, dann hört man das gleich. Man öffnet bei laufendem Motor die Motorhaube, es rauscht und zischt überall, das normale Betriebsgeräusch eben, aber da mischt sich noch etwas drunter, ein fremdes Geräusch, ein leises Fiepen, und dann wissen wir: Da ist was undicht. Aber meine jungen Monteure stehen daneben und fragen: »Wie kommst du jetzt darauf?«

HANS-JÜRGEN: Andere Geräusche treten alljährlich mit schöner Regelmäßigkeit auf. In der Reifenwechselsaison zum Beispiel kommt es immer wieder zu Situationen wie dieser: Eine Kundin sagt: »Wenn ich den Wagen auslaufen lasse, gibt es ein rappelndes Geräusch.« Dann laufe ich gleich los und hole den passenden Schlüssel, um die Radmuttern nachzuziehen. »Hat Ihr Mann vielleicht die Räder gewechselt?« – »Ja, hat er jetzt am Wochenende gemacht.« – »Aha. Will er Sie loswerden?« – Die Räder sind nämlich kurz vorm Abfallen. Da wollte mal wieder einer die 35 Euro für den Räderwechsel in der Werkstatt sparen.

So leicht ist die Fehlerdiagnose allerdings selten. Nehmen wir an, der Kunde hat sein Auto als Neuwagen bekommen, fährt ihn seit zehn Jahren und sagt jetzt zu mir: »Der klingt anders als sonst.« Für mich hört sich der Wagen vielleicht ganz normal an, aber der Kunde ist irritiert – das ist nicht mehr das vertraute Motorgeräusch, das er all die Jahre im Ohr hatte. In diesem Fall ist es sinnvoll, mit ihm zusammen eine Probefahrt zu machen. Irgendwann sagt er: »Da – da ist es.« Gut, ich hab's auch gehört, jetzt muss ich das Geräusch nur noch orten.

Oder ich frage im ersten Gespräch: »Wie oft tritt dieses

Geräusch auf?« Wenn die Antwort dann lautet: »Diese Woche ist es bereits zweimal aufgetreten«, ist die Fehlersuche für mich schon zu Ende. Womöglich müsste ich 500 Kilometer fahren, bevor sich der Fehler zum ersten Mal meldet. Deshalb sage ich ihm: »Bringen Sie den Wagen, sobald das Geräusch konstant auftritt. Ich kann mich erst dann auf die Suche machen, wenn ich dieses Geräusch reproduzieren kann.«

HOLGER: Die erste Frage lautet deshalb immer: In welcher Verkehrssituation oder bei welchem Fahrmanöver tritt das Geräusch auf? Bei Vollgas oder beim Schrittfahren? Beim Gasgeben oder beim Gaswegnehmen? Beim Beschleunigen oder beim Bremsen? Bei Kurvenfahrten, bei Geradeausfahrten oder bei Schlangenlinien? Bei warmem oder kaltem Motor?

Ist das geklärt, muss das Geräusch als Nächstes zugeordnet werden, das heißt: Wir müssen die Geräuschquelle eindeutig lokalisieren. Rappelt es vorne, links, hinten oder rechts? Die Akustik spielt uns da oft genug einen Streich. Ein Geräusch kann sich so von hinten übertragen, dass es für unsere Ohren zur Mitte wandert, wo man dann natürlich vergeblich suchen würde. Außerdem: Wenn man lenkt, kann es sich anders anhören, als wenn man bremst. Irritierend sind auch enge Straßen, wo die Häuserwände das Fahrgeräusch verstärkt zurückwerfen. Und als letzten Diagnoseschritt fragen wir uns: Wofür ist dieses Geräusch an dieser Stelle charakteristisch? Auf diese Weise wird die Fehlerquelle eingekreist, bei uns jedenfalls – mithilfe des Gehörs und aufgrund langjähriger Erfahrung.

HANS-JÜRGEN: Und dann gibt es Geräusche, die unüberhörbar, aber mysteriös sind. Mir fällt zu diesem Thema immer als Erstes ein Ford Explorer mit Sechszylindermotor ein, der tatsächlich Töne wie eine Vuvuzela von sich gab …

HOLGER: Richtig! Wenn man bei dem vom Gas ging, ertönte ein ähnlich durchdringendes Geräusch wie 2010 bei der Fußballweltmeisterschaft in Südafrika, als der genervte Fernsehzuschauer unfreiwillige Bekanntschaft mit einer Tröte namens Vuvuzela machte. Was war an diesem Ford kaputt?

HANS-JÜRGEN: Die Kurbelgehäusebelüftung. Das Geräusch entstand in einem Schlauch, der extrem verschlungen verlief. Der war zum Elefantenrüssel mutiert. An solchen Fällen zeigt sich sehr schön, dass ein Auto ein Klangkörper ist. Ein vielstimmiger Klangkörper. Unsere Aufgabe ist es, jeden Klang einem bestimmten Autoteil zuzuordnen, auch wenn wir ein Geräusch womöglich noch nie im Leben gehört haben.

HOLGER: Was häufiger vorkommt: ein schrilles Pfeifen beim Gasgeben, fast ein Kreischen. Früher hast du doch als Kind mit den Händen einen Hohlraum gebildet und einen Grashalm dazwischen geklemmt und kräftig draufgeblasen, das hörte sich ganz ähnlich an. Nun gut, beim ersten Mal haben wir uns an die Arbeit gemacht und gesucht, lange gesucht, bis sich am Ende herausstellte: Die Schrauben zwischen Katalysator und Rußpartikelfilter waren verrostet, regelrecht weggerostet, und dadurch war eine Lücke im Auspuffrohr entstanden, die dieses scharfe, flatternde Pfeifen verursachte. Ich habe eine Schweißnaht draufgesetzt, und das Geräusch war weg.

HANS-JÜRGEN: Ah, Holger, noch etwas. Der VW Passat, der wie ein aufgeregtes Huhn gackerte, sobald man das Lenkrad einschlug. Unvergesslich! Witzigerweise gackerte dieses Huhn auch noch von Mal zu Mal heftiger. Der Wagen war bereits in zwei Werkstätten gewesen; die eine hatte eine neue Servopumpe eingebaut, die andere hatte vorgeschlagen, den Generator auszutauschen, war damit bei meinem Kunden aber nicht durchgedrungen. Ich stellte bald fest, dass der Keilriemen in Kurven über den Keilriemenring rutschte, aber warum? Klar, beim Lenken verstärkt sich die Last auf den Keilrippenriemen, damit musste es zusammenhängen, also weiter gesucht, ein paar störende Teile aus dem Weg geräumt, und siehe da: Der Schwingungsdämpfer war seitlich ausgeschlagen, also dasjenige Aggregat, das die Schwingungen des Keilriemens auffängt und verhindert, dass er für kurze Augenblicke durchhängt. Ich habe den Dämpfer ausgetauscht – und das Huhn meldete sich nicht mehr.

HOLGER: Und damit kommen wir zum Schluss unseres heiteren Geräuscheratens. Was unsere Ohren uns liefern, ist, kurz gesagt, ein gezielter Verdacht. Danach geht's mit der Spurensicherung weiter.

HANS-JÜRGEN: Warte mal, Holger. Mir hat ein Kunde eben einen BMW gebracht. Da pfeift was. Das Geräusch konnte er mir nicht vorführen, weil es nur im kalten Zustand auftritt – ein Zeichen dafür, dass sich bei warmem Motor irgendetwas ausdehnt. Sollen wir nicht kurz auf Live-Berichterstattung umschalten und uns den Wagen unten ansehen?

HOLGER: Kann nicht schaden. Ja, für eine Diagnose braucht man auf jeden Fall physikalische Ahnung. Warum ist ein Geräusch im kalten Zustand da, und warum tritt es im warmen Zustand nicht mehr auf? Was kann sich wo verändern, wenn der Motor warm wird? Im vorliegenden Fall wird sich etwas ausdehnen. Gut möglich, dass eine Dichtung undicht ist. Wenn der Motor warm wird, schließt sich dieser Spalt wieder. So, da sind wir.

HANS-JÜRGEN: Okay?

HOLGER: Ja, Jürgen, starte mal. Gib Gas. Noch mal … und noch mal … Gut. Das ist auf jeden Fall eine Dichtung.

Irgendwo hier unten. Eigentlich müssten wir jetzt diese Teile komplett ausbauen und prüfen, an welcher Stelle die Abgase rauskommen.

Oder wir blasen Nebel rein und schauen, wo der Nebel rausgedrückt wird.

In dem Moment, wo du Gas gibst, hört man jedenfalls ein Pfit Pfit Pfit. Dieses Zwitschern deutet auf eine Dichtung hin. Auch die Vibration spricht dafür. Das Geräusch kommt definitiv vom Abgasstrang.

HANS-JÜRGEN: Der Kunde hat mir erzählt, dass bereits die Wasserpumpe und die Umlenkrollen getauscht wurden.

HOLGER: Die Sache ist für mich eindeutig. Das heißt, man hätte die Wasserpumpe und die Umlenkrollen auf gar keinen Fall zu erneuern brauchen, rausgeschmissenes Geld. Ich muss nur dieses Pfit Pfit Pfit hören, und alles ist klar. So, das war jetzt eine Fehlerdiagnose am lebenden Objekt von genau drei Minuten …

3.
Computer lügen nicht?

HANS-JÜRGEN: Klingt alles schön altmodisch, was wir hier
verbreiten …

HOLGER: Klingt altmodisch, ist es aber nicht. Die ganze Elektronik, mit der wir es heute zu tun haben, kann Sinnes-
wahrnehmungen nicht ersetzen. Natürlich haben wir
Diagnosegeräte. Ich lasse mir moderne Werkzeuge allerhand kosten, und Diagnosecomputer und Auslesegeräte
gehören selbstverständlich dazu. Aber mit Stecker rein
und Info vom Display ablesen ist es nicht getan. Der Computer sagt mir vielleicht: Der und der Sensor ist kaputt,
aber das ist erst der Anfang, meine fünf Sinne muss ich
trotzdem einsetzen. Was der Computer mir erzählt, ist für
mich allenfalls ein Hinweis.

HANS-JÜRGEN: Einen Fehler auszulesen ist nämlich nur Teil
der Diagnose. Das ist ja die Crux heute: Viele denken, die
modernen Autos sind so verdammt schlau, die sagen uns
alles, die liefern zum Fehler die Diagnose gleich mit, und
wir brauchen dann nur noch Teile auszutauschen …

HOLGER: Nein! Da zeigt der Computer zum Beispiel an:
Lambdasonde kaputt. Wahr ist: Im Abgas ist zu viel Sauerstoff. Aber ist die Lambdasonde deswegen kaputt, wie mir
der Fehlerspeicher weismachen will? Setze ich jetzt womöglich im blinden Vertrauen auf den Computer eine
neue Lambdasonde für 100, 200 oder 300 Euro ein und

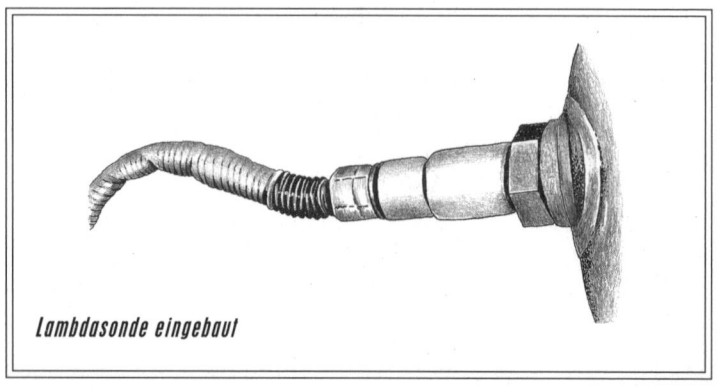

Lambdasonde eingebaut

rufe den Kunden an und sage: »Wissen Sie, die Lambdasonde war auf jeden Fall kaputt, die haben wir schon mal
ausgetauscht, aber es muss noch etwas anderes sein …«,
weil der Fehler nämlich immer noch da ist? Alles Quatsch.
Die Lambdasonde misst den Restsauerstoff im Abgas, und
da braucht vorne bloß eine Dichtung undicht zu sein,
schon haben wir die Erklärung für einen erhöhten Rest-
sauerstoffwert.

Die eigentliche Frage lautet: Warum macht die Lambdasonde denn Ärger? Und um das hinterfragen zu können,
muss man das System Auto verstehen. Gerade bei uns in
der freien Werkstatt kommen ja viele unterschiedliche
Autos und Modelle zusammen. Da geben wir 'ne Menge
Geld aus, um auf alle Pläne und technische Daten zu-
greifen zu können. Und dann werden systematisch die
Bauteile und ihre Funktionen und Signale gemessen und
der Fehler so logisch eingekreist. Das ist erst mal die
Grundbedingung. Dazu kommen natürlich Erfahrung
und das Achtgeben auf die eigenen Sinne.

Bei unserem Beispiel mit der Lambdasonde kann die alt-
modische Sinneswahrnehmung die Fehlersuche verkürzen. Eine Messung der Signale, die die Sonde sendet, zeigt

aber auch, ob sie arbeitet und ersetzt werden muss. Ich würde sagen: Grob geschätzt 95 Prozent der in Deutschland ausgewechselten Lambdasonden hätten nicht erneuert werden müssen, wenn man den Fehler systematisch gesucht und dabei die Sonde einzeln gemessen hätte. Oder eben seinem Gehör vertraut hätte.

HANS-JÜRGEN: Insgesamt bin ich aber bei dir, Holger, hier würde schon ein besseres technisches Verständnis weiterhelfen. Bei diesem Vorgehen wird nämlich komplett vergessen, dass alle Bauteile eines Autos Parameter haben. In unserem Fall wären das die Werte, die die Lambdasonde ans Steuergerät sendet. Wenn die Lambdasonde nicht ordnungsgemäß regelt, kann ich diese Parameter aufrufen, gebe dann ein paarmal Gas und stelle vielleicht fest: Aha, da sind eben doch Signale zu sehen. Es kommen also Spannungswerte raus. Und wenn sich die Sonde im nächsten Moment nicht mehr bewegt, dann liegt es daran, dass sie am Anschlag arbeitet und die Regelgrenze erreicht ist. Mehr Spannung kann sie eben nicht rausgeben. Bevor ich die Lambdasonde austausche, muss ich also unbedingt prüfen, ob sie noch Ausschläge produziert. Wenn ja, kann sie gar nicht kaputt sein.

HOLGER: Stimmt. Elektronik riecht und rappelt nicht, und wenn es um Elektronik geht, wird gemessen und abgelesen. Aber wie gesagt: Computerdaten liefern nur Hinweise, und wenn wir mit wachen und mit gut ausgebildeten Sinnen an unseren Job herangehen, spart der Kunde unter Umständen viel Geld.

So, und damit erst mal Schluss mit Geräuschen. Das Leben hat noch mehr zu bieten, nämlich zum Beispiel den einen oder anderen verdächtigen Geruch. Der kann, wie bei uns Menschen, mehrere Ursachen haben. Er kann zum Beispiel im Bereich der Klimaanlage entstehen. Er kann von

Öldämpfen oder vom Abgas herrühren. Manchmal riecht's auch nach Benzin, und sollte es verbrannt riechen ... dann schaut mal hinten am Auspuff nach. Hat sich da vielleicht eine Plastiktüte verfangen?

HANS-JÜRGEN: Wenn ein Kunde über sein Auto sagt: »Ich hab Abgase im Innenraum«, ist nach meiner Erfahrung übrigens Skepsis geboten. Ich öffne dann die Haube und hänge erst mal meine Nase über den Motor, gebe ein paarmal Gas, schnüffele und stelle häufig fest: Das ist kein Abgas, das sind Öldämpfe aus dem Kurbelgehäuse. Ein großer Unterschied. Aber für den Kunden ist es dasselbe – es stinkt halt.

Und dann kommt es vor, dass ich bloß um ein Auto herumzugehen brauche, um zu wissen: Der verliert Kraftstoff. Dann gucken mich alle an – »Wie, der verliert Kraftstoff?« – »Ja, irgendwo muss eine Kraftstoffleitung undicht sein.« Wie ich darauf komme? Tja, es reicht, wenn nur irgendwo unterm Auto ein Tröpfchen an einer Kraftstoffleitung hängt – schon habe ich den Geschmack von Benzin auf der Zunge. Ich schmecke Benzin, noch ehe ich es rieche.

HOLGER: Machst du Witze, Hans-Jürgen?

HANS-JÜRGEN: Nein, durchaus nicht. Ist so.

HOLGER: Also gut, weiter im Programm. Das Hören steht ganz oben, dann kommen das Riechen, meinetwegen auch das Schmecken und – ebenfalls ganz wichtig – das Fühlen, das Spüren, das Ertasten. Weil ein defekter Wagen sich irgendwie anders anfühlt, weil da Vibrationen auftreten, die nicht auftreten dürften. In unserem Gewerbe kennen wir ja das Popometer. Das funktioniert so: Du sitzt im Auto und registrierst mit deinem hochsensiblen Hinterteil, wie sich ein Wagen verhält – nicht anders als ein guter Rennfahrer. Michael Schumacher brauchte nur durch eine Kurve zu fahren und wusste ganz genau: Da stimmt was mit meiner Hinterachse nicht. Der war mit seinem Rennwagen verschweißt, und uns geht es nicht anders – wir setzen uns rein, fahren los und spüren die kleinste Vibration, kriegen mit, wenn der Wagen beim Beschleunigen kaum merklich in eine Richtung zieht, registrieren, wenn das Lenkrad beim Bremsen leicht schlackert. Und genauso können wir uns durch Tasten vergewissern, ob wir einen Defekt übers Gehör korrekt lokalisiert haben – an einer defekten Stelle treten ja oft Vibrationen auf, die dort nichts zu suchen haben. In jedem Fall geht es die ganze Zeit um Gefühle.

HANS-JÜRGEN: Weißt du noch, Holger? Der Mini mit den defekten Antriebswellen …? Beim Beschleunigen hat man gemerkt: Der wackelt vorn. Aber nur beim Beschleunigen! Bei dem Auto ist zuvor schon dies und jenes versucht worden. Es waren auch schon Gelenkwellen erneuert worden, alles ohne Erfolg. Wir fahren also mit dem Mini, spüren die Vibrationen und wissen, in welche Richtung wir zu denken haben, denn – die Gelenkwellen können es nicht sein. Gelenkwellen sind immer, beim Beschleunigen wie beim Bremsen, in der gleichen Position, das Wackeln kann also nicht daher rühren. Aber wenn man den Wagen hinten schwer belegt oder kräftig Gas gibt, geht er vorne hoch, und in diesem Fall kann nur das innere Gelenk einer Antriebswelle ein Wackeln verursachen … Experimentelle Diagnostik.

HOLGER: So, und erst in dem Augenblick, wenn wir zum Schraubenzieher greifen, kommen endlich auch die Augen zu ihrem Recht; bis dahin aber müssen wir uns auf Gehör und Gefühl verlassen können. Das Sehen liefert eben oft nur eine Bestätigung für das, was uns Ohr und Nase oder Fingerspitzen und Popo bereits gesagt haben – es sei denn, es handelt sich um Karosserie- oder Lackschäden. Das heißt: Begutachtet wird mit den Augen – aha, an der Wasserpumpe hängt tatsächlich ein Tropfen. Also zur Bestätigung dafür, dass unsere Vermutung zutrifft und das betreffende Teil wirklich kaputt ist. Denn Fehldiagnosen unterlaufen auch uns, und bevor es ans Teileaustauschen geht, bevor der Kunde tief ins Portemonnaie greifen muss, wollen wir hundertprozentig sicher sein.

Jetzt gibt es an Autos natürlich jede Menge Stellen, wo man mit bloßem Auge nicht hinkommt, ohne alles auseinanderzunehmen. Aber wozu haben wir uns dieses wunderbare Endoskop zugelegt? Ein großartiges Spezialwerkzeug für den Fall, dass kein Hören, kein Fühlen und kein … Schmecken hilft, sondern nur Gucken, Hingucken, Reingucken. Wie bei dem Mercedes, der irgendwo oben rechts an der Windschutzscheibe undicht war.

Wo genau, das war zunächst nicht auszumachen. Die vorige Werkstatt hatte bereits die ganze Frontscheibe mit Silikon abgedichtet. Klar, die wollten dem Kunden eigentlich kostengünstig helfen. Weil dann aber immer noch Wasser eintrat, hatten sie vorgeschlagen, das Dach zu erneuern. Wäre teuer geworden, denn der Wagen hatte ein geteiltes Glasdach – im vorderen Teil fest montiert, im hinteren als Schiebedach. Gut, so weit kam es nicht, aber auch wir hatten unsere liebe Not mit diesem Wagen – die undichte Stelle konnte winzig klein sein, und das war sie auch. Sollten wir das vordere Glasdach ausbauen? Das war eingeklebt, das hätte beim Rausnehmen beschädigt werden können, das hätte wieder eingeklebt werden müssen – viel Arbeit also, hohe Kosten, lieber nicht. Mein Sohn hat dann den ganzen Himmel abgenommen, und am Ende fiel unser Verdacht auf ein Löchlein am Rand des Glasdachs, ein Bearbeitungsloch vielleicht, das mit einem kleinen Gummipfropfen verschlossen war. Hatten wir die undichte Stelle entdeckt?

Mit bloßem Auge nicht zu beurteilen. Um sicherzugehen, sind wir mit dem Endoskop von der Seite durch den Zwischenraum zwischen dem Doppelblech des Dachs an diese Stelle gefahren und haben gesehen: Genau dort hatte sich Dreck angesammelt, nämlich Rückstände vom Wasser, das hier eingedrungen war. Jetzt hatten wir Gewissheit. Wir haben uns dann die Zeit genommen, den Pfropfen mit einer Pinzette vorsichtig rauszuziehen, einen neuen zu besorgen und den mit einem Spritzer Silikon genauso behutsam wieder reinzufriemeln – fertig …

In kniffligen Fällen wie diesem zeigt sich, was für ein tolles Werkzeug ein Endoskop ist. Und es fühlt sich für uns auch sehr gut an, wenn wir dem Kunden hinterher sagen können: »So, das hat jetzt zwar alles in allem 500 Euro gekostet, aber Ihr Wagen ist wieder hundertprozentig dicht. Bei der Vertragswerkstatt hätten sie Ihnen das komplette Dach rausgenommen, einen vollen Tag berechnet, und Sie hätten noch mal 1000 Euro mehr drauflegen müssen.«

Womit wir beim Thema markengebundene Vertragswerkstätten wären …

4.
Bei uns wird noch repariert

HANS-JÜRGEN: Eins kann man wohl sagen, Holger: Andere machen es anders. Und über Erfahrung und Können entscheidet nicht zuletzt, in welcher Werkstatt einer seine Ausbildung gemacht hat.

HOLGER: Stimmt. Es gibt große Unterschiede in der Ausbildung. Ob jemand zum Beispiel sein Gehör während der Lehre schult, hängt vom Betrieb ab. In einem Betrieb, wie wir ihn führen, tut er das, weil wir alle Autos sämtlicher Hersteller reparieren. Zu uns kommt einfach jeder.

HANS-JÜRGEN: Besonders zu dir.

HOLGER: Besonders zu mir. Kann ich jetzt gleich erzählen. Aber um bei der Ausbildung zu bleiben: Wir nehmen die Jungs obendrein auf Probefahrt mit, wir sagen denen: »Kommt, setzt euch rein und hört genau hin ...« Auf diese Art lernen sie, verdächtige Töne herauszuhören und einzelne Geräusche zu unterscheiden. Aber wir zwei haben ja auch eine zusätzliche Motivation. Wir sind beide im Gesellenprüfungsausschuss, weil wir wollen, dass es mit unserem Gewerk weitergeht – und es geht nur dann weiter, wenn die Jungs wirklich Bock drauf haben, wenn sie beispielsweise Spaß an der Detektivarbeit der Fehlerdiagnose haben.

HANS-JÜRGEN: Und Holgers Werkstatt ist der beste Nährboden für Spaß. Bei ihm ist die Kundenfrequenz viel höher als bei mir. Bei ihm landen deshalb auch Schäden, die bei mir nie landen würden. Da draußen im Süden von Köln habe ich das übliche Alltagsgeschäft, viele Inspektionen, normale Reparaturen. Die verrückten Geschichten spielen sich alle bei Holger ab.

HOLGER: Bei mir geht es einfach turbulenter zu, weil ich alles annehme. Außerdem haben wir durch die Stadtnähe mehr zu tun. Jedenfalls kommt der ganze Wahnsinn zu mir: der Turbo, der auseinandergeflogen ist, der Klimakompressor, den es zerbröselt hat, der SUV, mit dem die Fahrerin auf der Kreuzung beinahe Leute umgefahren hätte, weil vorn der Bremsschlauch durchgescheuert ist – kurz und gut: Die Extremfälle landen komischerweise immer bei mir.

HANS-JÜRGEN: Ausgefallenes kriege ich erst gar nicht rein. Hier macht sich aber auch der Unterschied zwischen Stadt und Land bemerkbar.

HOLGER: Obendrein trauen wir uns an alles ran. Ich liebe die schwierigen, komplizierten Fälle, da habe ich Lust drauf, die sind mein Ding. Deshalb schaffe ich auch laufend Spezialwerkzeug an, wie dieses Teil für die Zahnriemen-Instandsetzung. Kostet eine Stange Geld, lohnt sich aber auf Dauer, schon wegen der Eco-Boost-Motoren von Ford. Bei denen wird die Nockenwelle über einen in Öl laufenden Zahnriemen angetrieben, und wenn man es mit dem Ölwechsel nicht ganz genau nimmt, ist der Zahnriemen hin. Viele Autofahrer wissen das nicht und geben gern noch mal 5000 Kilometer zu …

HANS-JÜRGEN: … oder nehmen nicht das vorgeschriebene Motoröl.

HOLGER: Wie gesagt, es lohnt sich. Und dann gehen natürlich auch viele Fahrzeuge hier im Umkreis kaputt, weil wir ringsum Autobahnen haben. Der ADAC kennt uns, der sagt gewöhnlich: »Bringen wir zum Parsch.« Bei mir auf dem Hof stehen Autos aus allen Landstrichen der Republik.

Gut, so sieht's also im Maschinenraum der Firma Parsch aus; für Azubis ein Paradies. In einer markengebundenen Werkstatt – bei Audi, BMW und so weiter – geht es dagegen völlig anders zu. Es werden zum einen gar nicht so viele Geräusche auftreten wie bei mir, weil die Fahrzeuge dort maximal vier Jahre alt sind – danach kommen ihre Besitzer nämlich in Werkstätten wie unsere, weil sie die immensen Kosten bei VW und Co. scheuen –, und zum anderen ist die Ausbildung dort ausgesprochen spezialisiert und folglich einseitig.

HANS-JÜRGEN: Die ziehen in der Ausbildung ihr Programm durch. Natürlich gibt es auch Ausnahmen. Aber Vertragswerkstätten unterliegen ganz anderen Zwängen. Als Azubi wirst du mal in diese Abteilung, mal in jene gesteckt, musst vielleicht kleine Teile anfertigen, aber an selbstständige Arbeit ist nicht zu denken. Du bleibst Handlanger, du arbeitest dem Gesellen zu. Bei mir dagegen … Ich weiß, wen ich als Lehrling bekomme. Ich habe das ganze Jahr über Praktikanten in meiner Werkstatt und kann mir aussuchen, wer anschließend bei mir die Ausbildung macht. Wenn ein Guter dabei ist, der sich gleich den richtigen Schraubenschlüssel greift, der genau weiß, was er braucht, und nicht zehnmal in die Werkzeugkiste langen muss, bis ihm endlich das passende Werkzeug in die Finger fällt – den nehme ich unter meine Fittiche, dem zeige ich alles, den lasse ich an alles ran.

HOLGER: Ich habe jetzt gerade einen Mitarbeiter eingestellt, der bei BMW gelernt hat, ein absoluter BMW-Fachmann, der aber keinerlei praktische Ahnung von Autos anderen Hersteller hat. Kürzlich sollte er einen normalen Turbo bei einem Skoda aus- und einbauen, wofür zweieinhalb Stunden veranschlagt werden; mein Lehrling hätte ihm das vormachen können. Wie lange hat der BMW-Mann gebraucht? Sechs Stunden. »Siehst du«, sage ich zu ihm, »deshalb bist du hier. Du hast eine Ausbildung bei BMW gemacht, kannst aber sonst nix.« Er hat ein großes Fachwissen, er kann eine Menge erklären, in der praktischen Arbeit nützt ihm das allerdings oft wenig. Aber – noch zwei, drei Jahre bei uns, und der Mann ist richtig fit. Unsere Ansprüche, unsere Möglichkeiten und auch unsere Berufsauffassung sind eben ein wenig anders als die von herstellerabhängigen Betrieben.

HANS-JÜRGEN: Was sich besonders krass im Werkstattalltag zeigt. Das ist auch der Punkt, weshalb wir als Autodoktoren so erfolgreich sind. Wenn du nämlich dein Auto in eine herstellergebundene Werkstatt bringst, geht der nächste freie Mitarbeiter hin, hängt seinen Stöpsel dran und sagt womöglich: »Im Fehlerspeicher ist nichts zu sehen.« Das heißt zwar nichts, aber dieser Mensch wird sich vielleicht trotzdem nicht die Mühe machen, weiter zu prüfen. Der hat vom Werk die Vorgabe: Wenn der Fehlerspeicher keinen Defekt anzeigt, Fehlersuche abbrechen! Natürlich gibt es auch Ausnahmen, aber so ist es aus unserer Sicht leider häufig.

Also: Gründlich prüfen ist in solchen Werkstätten oft keine Option, schon alleine wegen vieler Vorgaben und wegen des Zeitdrucks. Reparieren aber auch nicht! Defekte Teile werden gegen neue ausgetauscht, und basta. Klar, der Hersteller will seine Ersatzteile verkaufen, der will auch nicht, dass sich die Leute mit langwierigen Reparaturen aufhalten – es herrscht eben ein immenser Zeitdruck –, also wird lediglich ausgetauscht, und der Kunde darf zahlen.

HOLGER: So, und wir finden Teileaustauschen doof. Wie übrigens einige andere, vor allem freie Werkstätten auch. Es kommt immer auf die Leute dort an, ob sie ihren Job

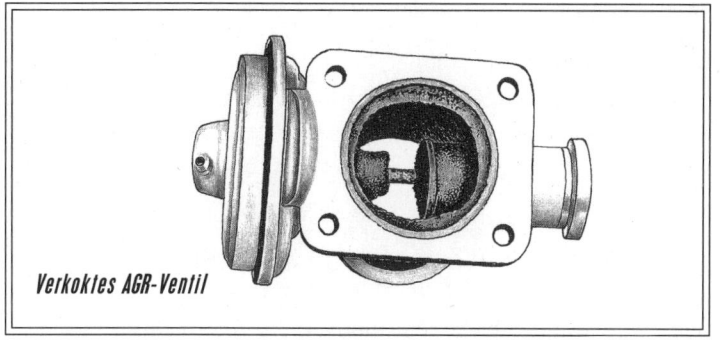
Verkoktes AGR-Ventil

mit Hingabe machen. Und da sind wir sicher nicht die Einzigen. Aber wir gehören dazu. Und wir reparieren – ob das nun zeitgemäß ist oder nicht. Wir reparieren so viel wie möglich, nicht nur vor der Kamera, auch im normalen Werkstattbetrieb. Das ist ein hoher Anspruch, wenn man bedenkt, dass ein Verbrennungsmotor ein Kunstwerk aus mindestens 1200 Einzelteilen darstellt, vom Rest gar nicht zu reden – Getriebe, Fahrgestell, Karosserie, Innenausstattung etc. Aber etwas zu löten, instand zu setzen, wieder funktionstüchtig zu machen, das ist spannend, das macht einen Riesenspaß, das ist keine tumbe Schrauberei, da arbeitet dein Grips auf Hochtouren, weil du dir immer wieder was einfallen lassen musst.

Natürlich kann man für 1200 Euro ein neues Steuergerät kaufen und einsetzen, natürlich funktioniert es dann wieder. Man kann sich aber auch fragen, ob man es nicht mit eigenen Mitteln hinkriegt, einen Schaden zu beheben. Bisweilen besorgen wir auch ein gebrauchtes Teil. Mit etwas Glück kostet die Reparatur den Besitzer dann 1000 Euro weniger.

HANS-JÜRGEN: Holger, wenn ich dich unterbrechen darf … Kürzlich hatte ich ein Abgasrückführungsventil – innen total verschmockt und verkokt und verklebt.

35

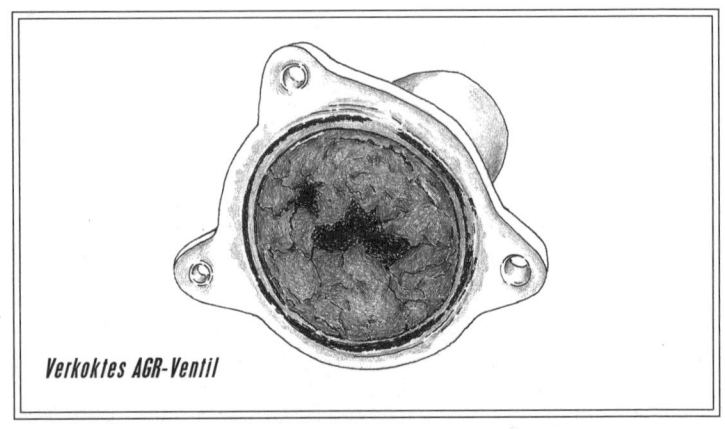

Verkoktes AGR-Ventil

Soll ich das säubern, sodass es hinterher wieder ordentlich funktioniert? Oder schmeiße ich das verdreckte Teil in die Tonne und hole ein neues? Das würde dann auch noch toll aussehen ... und 350 Euro kosten! Nein, Unsinn, rausgeschmissenes Geld. Ich habe das alte Ventil gesäubert und wieder eingesetzt und dem Kunden gesagt: »Hält noch mal 40 000 Kilometer.« Also, wenn die elektromagnetische Funktion vorher gegeben war, wird ein verklebtes Teil bei mir gründlich gereinigt und wieder eingesetzt.

HOLGER: Klar – verschlissen ist verschlissen. Und auch wir müssen wirtschaftlich denken. Aber sonst gibt es fast immer die Möglichkeit zu reparieren, denn gekauft haben unsere Kunden bis dahin schon genug. Die waren ja in vielen Fällen mit ihren Fahrzeugen bereits in zwei, drei, manchmal fünf anderen Werkstätten und sind überglücklich, diesmal ungeschoren davonzukommen, weil wir noch reparieren – und ihr Auto hinterher tatsächlich wieder funktioniert. Und: Es gibt auch da draußen andere, die das ebenso machen wie wir und die vielleicht nicht so bekannt sind. Klar gibt es diese Werkstätten – die aber als Kunde zu finden, ist leider nicht so einfach. Wie oft haben wir erlebt, dass an einem Steuergerät bloß eine Lötstelle nachgelötet werden musste, und der Fehler war behoben – da hatten andere Firmen schon alle möglichen Steuergeräte im Umfeld erneuert. Solchen vom Schicksal gebeutelten Kunden drücken wir am Ende gern ein Stückchen Lötzinn in die Hand und sagen: »Hier – mehr war nicht nötig, um Ihr Fahrzeug wieder fit zu machen.«

HANS-JÜRGEN: Holger, ich merke, du kommst in Fahrt. Sollen wir nicht jetzt, wo's abenteuerlich wird, ein neues Kapitel anfangen?

HOLGER: Mit Verlaub, noch eine kurze Geschichte … In den 90er-Jahren gab es regelmäßig Probleme mit dem Wischermotor der Mercedes-E-Klasse, damals 124er Baureihe. Diese Fahrzeuge hatten nur einen Wischerarm, der seltsame Verrenkungen vollführte, um oben in die Ecken der Frontscheibe zu kommen.

HANS-JÜRGEN: Ja, genau – wenn du mit einem solchen Mercedes an der Ampel standst und die zweite Wischerstufe eingeschaltet hattest, wackelte das ganze Auto. Jedes Mal, wenn der Wischerarm in eine Ecke reinschoss, legte sich der Wagen auf die Seite – so groß war die Masse, die bewegt werden musste. Entsprechend hoch war der Verschleiß.

HOLGER: Und an der Welle zwischen Wischermotor und Wischerarm saß ein Stift, der bei der ellipsenförmigen Bewegung des Wischers raus- und reinfuhr. Dieser Mechanismus war sehr anfällig, der verharzte schnell. Jetzt hätte man Wischermotor und Wischerarm nach der Devise »alt raus, neu rein« ersetzen können – inklusive Montage wäre ein Kunde dann mit 1000 DM dabei gewesen. Es gab aber noch eine zweite Lösung: die Abdeckung abnehmen, ein kleines Loch in die Führung bohren – und dabei gut aufpassen, dass man nur ja nicht zu tief bohrt, weil man sonst die Welle erwischt! –, etwas Kriechöl einspritzen und das Loch anschließend mit einem Plastiknippel wasserdicht verschließen – Kaugummi tat's aber auch –, schon nahm der Wischer seine Arbeit wieder klaglos auf. Klare Sache: 1000 DM investieren oder ein paar Tropfen Öl reinträufeln? Die Kölner Taxifahrer haben sich damals für die zweite Lösung entschieden.

5.
Der verhexte Polo

HANS-JÜRGEN: Wir reparieren noch richtig ...

HOLGER: ... nicht nur vor der Kamera, sondern auch im wahren Werkstattleben. Musste noch mal gesagt werden ... Reparieren hat allerdings einen Haken: die Gesetzgebung. Denn der Gesetzgeber verlangt von uns, dass wir eine Gewährleistung von zwei Jahren geben, gleichgültig, ob wir reparieren oder austauschen. Da überlegt man schon von Fall zu Fall, ob eine Reparatur auch wirtschaftlich sinnvoll ist. Und hier gibt es nun doch einen Unterschied zwischen Film und Wirklichkeit: In der Sendung spielt der Gesichtspunkt der Wirtschaftlichkeit keine Rolle, da reparieren wir, egal wie aufwendig. Aber im Werkstatt-alltag sprechen wir uns vorher mit dem Kunden ab und klären, ob es Sinn ergibt oder nicht. Wenn's dann nicht hält ... Aber in den allermeisten Fällen hält's.

HANS-JÜRGEN: Nicht zu vergessen, Holger: Wir reparieren nur, was wirklich kaputt ist.

HOLGER: Ja, sollten wir auch erwähnen. Natürlich kann man als Werkstatt hergehen und sagen: Aha, dahinten ist ein Radlager defekt, komm, wir machen gleich beide, das andere wird seinen Geist früher oder später auch aufgeben ... Nee, ist nicht unser Stil. Wir beraten da den Kunden – und lassen ihn mitentscheiden. Grundsätzlich finden wir aber: Eine gute Werkstatt sollte nur die Arbeiten machen, die wirklich fällig sind. Und häufiger dem Kunden die Fehlersuche verkaufen als direkt irgendein Teil, das nur auf Verdacht getauscht wird. Gute Arbeit kostet Geld – dazu zählt auf jeden Fall auch die qualifizierte Fehlersuche. Und das ist dann eigentlich immer auch für den Kunden günstiger, weil eben nur das für den Fehler verantwortliche Teil getauscht wird und sonst nichts.

Und damit, finde ich, sollten wir zu den nervenzerfetzenden Dramen in unserem Berufsleben kommen. Zu jenen bangen Stunden, wo sich die Möglichkeit des Scheiterns wie eine pechschwarze Gewitterwolke über uns zusammenbraut. Wie war das noch damals mit dem Polo am Seeufer in Mecklenburg?

HANS-JÜRGEN: Weißt du doch, Holger. Der Polo war schuld daran, dass wir nicht zum Angeln gekommen sind … Aber im Ernst: Es war eine unserer beliebten Touren durch Deutschland. Für unsere Einstünder im Fernsehen. Da sind wir natürlich nicht ganz allein dabei, sondern immer auch ein zweiköpfiges Kamerateam und unser Produzent mit einem zweiten Redakteur aus seinem Team. Wir hatten gehört, dass die Mecklenburgische Seenplatte sehr schön sein soll. Und so brachen wir eines Morgens frohgemut …

HOLGER: … in einen hellblauen Trabbi gezwängt …

HANS-JÜRGEN: … mit einer Packung Grillkohle und in Campinglaune auf, um in Richtung der schönen Seenplatte zu zockeln.

HOLGER: Um die DDR-Romantik auf die Spitze zu treiben, hatten wir für die Übernachtungen sogar einen Klappfix dabei, ein Relikt aus längst vergangenen Urlaubstagen im Erzgebirge, oder anders gesagt: ein Zeltdach, in einer Art Klapptisch auf Rädern verstaut, kurzum, ein Planwägelchen. Stilecht durch die neuen Bundesländer, so lautete unsere Devise.

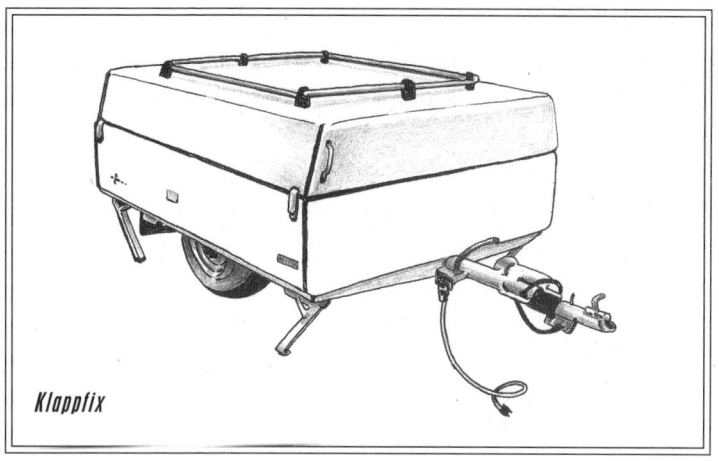

Klappfix

HANS-JÜRGEN: Auf einem Campingplatz am Seeufer erwartete uns besagter Polo mit Dieselmotor. Wir hatten nämlich
vorher in den Äther geblasen: Wer an unserer Strecke liegt
und Ärger mit seinem Auto hat, der möge sich melden …
Und der Polo stand als Erster auf unserer Liste. Allerdings,
wir hätten gewarnt sein müssen. Gleich die erste Auskunft
über dieses Fahrzeug war beunruhigend: In der Werkstatt
war an dem Polo schon eine halbe Ewigkeit herumgebas-
telt worden, ohne dass sie ihn ans Laufen gekriegt hätten;
nichts zu machen, er sprang einfach nicht an. Schließlich
hatten sie aufgegeben, und jetzt sollten wir zeigen, was wir
können.

HOLGER: Wir fallen also mit frischem Mut über diesen störrischen Spross aus dem Hause Volkswagen her. Das Erste,
was wir feststellen: Aus der Kraftstoffleitung fließt dunkle
Brühe. Dieselbe Brühe schwappt auch im Tank. Offenbar
ist Motoröl bis in den Tank gelangt. Wie kommt diese
Plörre zustande? Sieh an, die Kraftstoffpumpe hat keine
Spannung. Auch die Kommunikation mit dem Steuergerät ist unterbrochen. Hat das Steuergerät eine Macke?

41

Immerhin hat sich Wasser darin angesammelt. Klar, Steuergerät austauschen. Bringt aber nichts. Also das alte wieder rein. Und was jetzt? Liegt's an der Kraftstoffpumpe? Ist eine Dichtung beschädigt? Könnte dadurch Motoröl in den Tank geraten sein? Aber die Dichtung ist in Ordnung. Auch die Elektronik ist in Ordnung. Trotzdem rührt sich nichts. Es ist zu blöd. Inzwischen regnet's, und das Tageslicht nimmt stetig ab. Letzte Chance: Nockenwellen-Sensor und Kurbelwellen-Sensor geben vielleicht zu schwache Signale ans Steuergerät ab … Nein, tun sie nicht, die Messung zeigt: alles okay. Der Motor bekommt keinen Kraftstoff, deshalb springt er nicht an – so viel wissen wir am Ende dieses Tages, aber mehr wissen wir nicht.

HANS-JÜRGEN: Am nächsten Morgen … Ich will ausschlafen, werde aber unsanft von einem Poltern geweckt: Holger rumort im Wohnwagen, knallt dann die Tür hinter sich zu und verschwindet Richtung See.

HOLGER: Wir hatten es nämlich nicht über uns gebracht, in dem muffigen Klappfix zu schlafen … Und ich hatte eine fürchterliche Nacht hinter mir. Um fünf Uhr wache ich auf, spüre eine starke innere Unruhe und denke: Okay, der Polo ruft. Aber was will dieses Auto von mir? Immer noch weit und breit keine Erleuchtung, aber ich muss trotzdem raus, ich habe das Gefühl, die Gelegenheit zur Kontaktaufnahme ist günstig. Man könnte auch sagen: Mein Leidensdruck ist unerträglich geworden.

Ich also im Morgengrauen zu dem verhexten Polo. Lars, unser Produzent, hat in einer Pension übernachtet und offenbar genauso schlecht geschlafen wie ich; jedenfalls scheint er es in seinem Zimmer nicht mehr ausgehalten zu haben und joggt bereits am Seeufer. Er dürfte nachdenken. Kein Wunder. Einen ganzen Tag haben wir schon versemmelt, haben jede Menge gedreht, sind aber keinen Schritt weitergekommen – kein Ergebnis, alles für die Katz, und jetzt stehen wir alle drei an einem Punkt, wo wir nicht weiterwissen.

Aber – »Autodoktoren live« bedeutet was, Hans-Jürgen?

HANS-JÜRGEN: Wir geben nicht nach. Wir ziehen eine Sache durch, bis das Rätsel gelöst ist und die Karre läuft.

HOLGER: Korrekt. Lars kommt also auf mich zu. »Was machst du da?« Ich knurre: »Lass mich bitte in Ruhe denken.« Lars joggt weiter, steht jetzt unten am See und macht sich Notizen, wie er diese Episode erzählen kann und den Film auch hinkriegt, wenn wir es nicht schaffen. Er sagt nämlich immer, dass er das auch zeigen würde. Und er hat natürlich auch eine Reiseroute im Kopf. Und der Film kann ja auch nicht nur davon handeln, wie wir eine Sendestunde lang versuchen, einen Polo zu reparieren und es dann nicht hinkriegen. Es muss also bald weitergehen. Aber wir wollen nicht scheitern – und schon gar nicht in aller Öffentlichkeit. Also starre ich den Polo an. In diesem Augenblick kommt mir eine Idee. Könnte es sein, dass bei der Rumbastelei in der Werkstatt irgendwann zwei Signale vertauscht worden sind? Die vom Drehzahl-Sensor und vom Nockenwellen-Sensor beispielsweise? Ich gucke nach. Tatsächlich, die Steuerzeiten stimmen nicht. Ich tausche die beiden Kabel, ich lasse den Motor an, ein Rasseln, ein Knurren, der Wagen läuft. Er läuft nicht sauber, aber er läuft. Hinterher kommt Hans-Jürgen dazu, noch leicht verschlafen. »Und? Wie bist du darauf gekommen?« Die Antwort muss ich ihm schuldig bleiben. »Ich weiß es selber nicht …«

Wir haben dann darauf verzichtet, den Wagen an Ort und Stelle zu reparieren. Wegen des ganzen Öls im Tank war uns die Chose zu heiß. Dem Meister in der Werkstatt haben wir gesagt, was noch zu tun wäre, und damit war der Fall für uns erledigt. Das Auto lief wieder, Auftrag ausgeführt.

HANS-JÜRGEN: Übrigens haben wir mit dem Trabbi die gesamte Reise gemacht, von Köln bis nach Rügen hoch und über Leipzig zurück.

HOLGER: Jawohl. Der Klappfix war ein ekliges, altes Drecksding. Der hat innen so gestunken, dass wir lieber auf der Wiese übernachtet hätten. Aber der Trabbi hat Spaß gemacht – bis auf die Rückenschmerzen und den Umstand, dass man nicht recht vorankommt.

HANS-JÜRGEN: Eine fürchterliche Kiste, wenn du mich fragst. Bis man sich da reingezwängt hatte ... Und während der Fahrt am besten stocksteif sitzen bleiben!

HOLGER: Na ja, unsere erste Begegnung mit DDR-Technik – jedenfalls einfach zu reparieren. Der Trabbi musste nämlich Probe gefahren werden, der hatte die Unart, nach längerer Fahrt stotternd liegen zu bleiben. In diesem Fall aber war der Defekt im Handumdrehen behoben: Der Filter vom Reservetank war verstopft. Und ich fand's liebenswert altmodisch, dass dieser Reservetank beim Trabbi mit einem Umschalthebel aktiviert wird. Wie beim Moped.

6.
Was sich so alles zwischen Mensch und Auto abspielt

HOLGER: Was sagt uns die Polo-Geschichte, Hans-Jürgen?

HANS-JÜRGEN: Keine Diagnose ohne Kontaktaufnahme.

HOLGER: Genau. Wie jeder weiß, sind Autos keine seelenlosen Maschinen. Und man kann keine Diagnose stellen, ohne mit dem Auto in direkten Kontakt zu treten. Bei mir läuft das so: Wenn ich keine Lösung finde, ziehe ich mich mit dem Auto sozusagen in die Einsamkeit zurück. Dann muss ich ungestört sein, dann gibt es nur noch uns beide, und dann fühle ich mich in das Auto hinein. Das geht nicht im normalen Tagesbetrieb. Ich brauche Ruhe, es darf keiner um mich herum sein, und dann nehme ich mir bisweilen einen Stuhl und setze mich vor das Auto – merkwürdiger-weise davor, nicht dahinter, nicht daneben, als müsste ich ihm in die Augen sehen, wenn ich mit ihm rede – und vertiefe mich in den Fall. Konzentriere mich. Lasse den Patienten auf mich wirken. Taste ihn in Gedanken ab. Sortiere in meinem Kopf, was ich bis dahin über ihn in Erfahrung gebracht habe. Mache mir ein möglichst voll-ständiges Bild von seinem inneren Zustand. Und habe dabei oft genug das Gefühl, dass bei dieser Beschäftigung etwas von dem Auto zurückkommt. Als wäre es bereit, zu kooperieren. Nun gut, es soll nicht übertrieben spirituell klingen, aber …

HANS-JÜRGEN: … aber es ist eine Tatsache, dass es bei dir so funktioniert. Ich selbst bin zwar kein Autoflüsterer, aber der direkte Kontakt ist für mich genauso wichtig. Das hat sich noch nicht überall herumgesprochen. Es kommt immer wieder vor, dass mich jemand anruft, der mir erzählt, welche Macke sein Auto hat, und mich um eine Ferndiagnose bittet. Ich höre mir dann seine Erzählung am Telefon an und sage zum Schluss: »Bringen Sie mir den Wagen vorbei, ich gucke nach.« Antwort: »Aber ich wohne in Braunschweig!« – »Sehen Sie«, sage ich, »das ist der Grund, weshalb ich Ihnen nicht helfen kann. Ich kann auf die Entfernung keine Fehleranalyse vornehmen.«

HOLGER: Es ist wirklich so, dass es um die sinnliche Erfahrung der körperlichen Präsenz eines Autos geht. Alle Sinne müssen an der Fehlerdiagnose mitwirken. Auch ein Video reicht nicht. Da hat einer während der Fahrt mit dem Handy aufgenommen, was ihn am Motorgeräusch seines Wagens stört, und spielt im Kundengespräch den Soundtrack für mich ab – auch das nützt nichts, auch das kann man sich sparen. Ich brauche den direkten Kontakt, um ein Gefühl für das Auto zu bekommen. Und ich bin sicher: Zwischen Mensch und Auto spielt sich etwas ab, wenn man sich auf diese – fast möchte ich sagen: intime – Begegnung einlässt.

HANS-JÜRGEN: Das andere ist unsere langjährige Erfahrung. Wenn einer meiner Monteure in der Werkstatt einen Fehler sucht und nicht draufkommt, bin ich die letzte Instanz. Dann komme ich vorbei und frage: »Was hast du bisher gemacht?« Ich höre mir das an, zähle eins und eins zusammen, verknüpfe diese Informationen und sage dann: »Hast du schon das und das geprüft?« – »Nein.« Aha. Er macht's, und der Fehler ist behoben. Die Vorarbeit hat er bereits geleistet – ich brauche nur noch meine Schlussfolgerungen daraus zu ziehen.

HOLGER: Natürlich befragt man ein Auto auch direkt durch die Messungen, die man vornimmt. Aber das Entscheidende ist etwas, das ich als Impuls bezeichnen möchte. Irgendwann, plötzlich und unerwartet, gibt es einen Impuls. Du bist selbst überrascht, du denkst im ersten Moment: Nee, kann unmöglich sein … oder doch?, prüfst nach – und das war's. Das ist die Lösung. Aber diesen Impuls erlebst du niemals, wenn du dich mit deinem Patienten nicht unterhältst, ihm keine Aufmerksamkeit schenkst, dich nicht hundertprozentig auf ihn einlässt.

Weißt du noch, Hans-Jürgen? Dieser Opel, der auf dreieinhalb Zylindern lief? Ein Fall, der mir bis in alle Ewigkeit in Erinnerung bleiben wird. Ein Kunde bringt uns einen Opel Omega, 2 Liter, Benziner. Der Mann hatte sich einen neuen Auspuffkrümmer gekauft und eigenhändig eingebaut, allerdings mit dem Effekt, dass sein Wagen von Stund an so unruhig lief, als würde ein Zylinder nicht sauber mitlaufen. Sein Verdacht fiel natürlich gleich auf den Krümmer. Er bringt sein Auto also zu Opel, erzählt die Krümmergeschichte, die gucken sich den Krümmer an, finden nichts und bauen ihn wieder ein – erneuern aber nebenbei die komplette Auspuffanlage. Nur dass das Übel damit keineswegs behoben ist. Schließlich landet der Wagen bei uns, wir schauen nach, und … wirklich rätselhaft. Nichts zu sehen.

Tja, es ist grundsätzlich falsch, sich darauf zu verlassen, was andere vorher schon gemacht haben. Sollte man nie tun. Wenn die Leute uns erzählen: Das und das und das ist bereits repariert oder ausgetauscht worden … Unsinn, kannst du alles vergessen. Du musst mit deinen Überlegungen ganz von vorn anfangen! Du musst so tun, als hätte der betreffende Wagen nie eine Werkstatt gesehen! Denn wenn man nicht bis zum Ausgangspunkt zurückgeht, weil andere Werkstätten ja schon dies und jenes gemacht haben, übersieht man mit großer Wahrscheinlichkeit das Entscheidende.

Wie sind wir bei diesem Omega vorgegangen? Wir haben zunächst den Krümmer abgebaut, ihn zur Seite gelegt und den Wagen ohne Krümmer laufen lassen – aha, wer hätte das gedacht? Der Motor lief wunderbar, nichts zu beanstanden. Folglich mussten wir uns den Krümmer gründlicher vornehmen. Außen war nichts zu sehen. Und innen? Wir haben das Endoskop eingesetzt, sind damit in den Krümmer gefahren – und machen eine Entdeckung: Tief drinnen ist ein Gussfehler passiert. Es handelt sich um einen Billig-Krümmer aus dem Internet, und da sitzt tatsächlich ein Knubbel an der Innenwand, der das Durchlassloch teilweise blockiert, sodass sich die Abgase an dieser Stelle stauen … Fehler gefunden.

Was ich damit sagen will: Verlassen kann man sich nur auf die eigenen fünf Sinne. Und manchmal muss man sich reinknien. Ausdauer beweisen. Die Fähigkeit zu komplexem Denken an den Tag legen. Und so lange tüfteln und grübeln und kombinieren, bis man die Lösung hat.

HANS-JÜRGEN: Das technische Wissen nicht zu vergessen, denn ohne gründliche technische Kenntnisse hilft alles Tüfteln und Grübeln nichts. Deshalb komme ich noch einmal auf die Lambdasonde zurück.

Was macht eine Lambdasonde? Ihre Aufgabe ist, den Schadstoffausstoß zu verringern. Zu diesem Zweck vergleicht sie permanent den Restsauerstoffgehalt im Abgas mit dem Sauerstoffgehalt der Außenluft und leitet den ermittelten Wert an ein Steuergerät weiter. Dieses Steuergerät wiederum beeinflusst die Gemischbildung und sorgt für die Anpassung der Einspritzmenge. Nun arbeitet die Lambdasonde aber nur innerhalb eines gewissen Bereichs;

in Extremsituationen gerät sie an die Regelgrenze und kann dann gar nicht anders, als im Diagnosecomputer einen Fehler anzuzeigen. »Ich bin am Anschlag, ich weiß nicht weiter«, will sie dem Fehlerspeicher damit sagen. Aber viele Monteure verstehen: »Ich bin kaputt«, und tauschen sie kurzerhand aus. Nur – die neue Sonde kann es auch nicht besser als die alte.

Warum ein solches Bauteil also nicht erst mal prüfen? Warum nicht die Parameter aufrufen und fragen: Hey, Lambdasonde, was machst du, wenn ich dir was wegnehme? Oder was zugebe? Vielleicht blüht sie dann plötzlich auf, und ich merke: Sie ist gar nicht kaputt! Warum aber geht sie dann in einem Bereich an den Anschlag? Vielleicht, weil sie zu viel Luft bekommt? Oder weil sie zu wenig Luft bekommt? In jedem Fall müsste man dann an anderer Stelle nach der Ursache suchen, nicht bei der Lambdasonde selbst.

HOLGER: Richtig. Man muss sich grundsätzlich fragen: Welches technische System liegt hier überhaupt vor? Viele machen sich gar keine Gedanken darüber. So gibt es zum Beispiel Werkstätten, die keine Vorstellung davon haben, wie eine Klimaanlage funktioniert. Die wissen nur: Da ist der blaue Anschluss, da ist der rote Anschluss, das ist die Niederdruckseite, das ist die Hochdruckseite – wenn sie es überhaupt wissen –, da klemme ich mein Gerät dran, und so kann ich die Flüssigkeit austauschen. Aber was genau technisch abläuft, dass man kalte Luft gar nicht herstellen, sondern nur Wärme abführen kann, die physikalischen Hintergründe eben … Längst nicht alle unsere Kollegen sind in diesem Bereich bewandert. Die stecken den Stöpsel rein, sagen: »Aha, daran liegt's«, tauschen das Teil aus, und das war's.

Nun gut, Hans-Jürgen, wir sind auch keine Götter. Aber

ich kann von mir behaupten, dass es mich leidenschaftlich interessiert, woraus sich ein Auto zusammensetzt, wie die einzelnen Teile arbeiten und warum sie welchen Zweck erfüllen. Diese Neugier geht so weit, dass ich nicht einmal vor riskanten Selbstversuchen zurückschrecke. Sie hinterlässt selbst heute noch manchmal Schrammen und blutige Finger. Neulich zum Beispiel ... Es ging damit los, dass wir unseren neuen Nussschalen-Blaster auspackten, ein geniales Gerät, mit dem man aber auch Verkokungen beseitigen kann.

HANS-JÜRGEN: Wenn ich dazu kurz bemerken darf, Holger: Im Prinzip könnte man für solche Arbeiten auch einen Sandstrahler nehmen. Aber im Bereich des Motors würde man bei Sand einen Kolbenfresser riskieren, denn Sand ist einfach zu hart. Wenn du hingegen Nussschalengranulat nimmst, gehst du kein Risiko ein. Wenn sich davon ein paar Krümel in den Zylinder verirren, ist es nicht weiter tragisch.

HOLGER: So, wir halten dieses wunderbare Gerät zum ersten Mal in unseren Händen und müssen es natürlich umgehend ausprobieren: Welche Wirkung hat das Ding? Mit welcher Kraft spritzt das Granulat da raus? Also halte ich die Hand vor die Mündung, drücke ab, das Zeug schießt raus, ich jaule auf, und meine Hand ist mit roten Flecken gesprenkelt ... Meine Hochachtung! Dieses Teil werde ich nie wieder auf meine Hand richten. Später erzählen wir dem Hersteller von unserem Selbstversuch, und der ist entsetzt: »Seid ihr verrückt? Damit haben wir zu Testzwecken sogar mal einen kleinen Baum gefällt!«

HANS-JÜRGEN: Natürlich lag eine Bedienungsanweisung bei, ein richtiger Wälzer. Aber den haben wir gleich zur Seite gelegt – wir lesen doch keine Bedienungsanleitungen ...

HOLGER: Wir sind eben praxisorientiert. Das mag nicht so ganz dem Berufsbild der Berufsgenossenschaft entsprechen, aber solange unsere Mitarbeiter nichts abkriegen, nehmen wir uns gewisse Freiheiten. Kurzum: Wir sind mit Leib und Seele dabei. Und wenn wir uns bei den Dreharbeiten auf die Finger hämmern und das Blut am Handgelenk runterläuft, dann sagt Lars, unser verehrter Produzent: »Tut doch wenigstens ein Pflaster drauf.« Nee, Quatsch, überflüssig. Ein Spritzer Bremsreiniger tut's auch. Bremsreiniger stoppt Blutungen im Handumdrehen – wie Hans-Jürgen bestätigen kann.

7.
Der nicht weniger verhexte Mercedes 300 SL

HOLGER: Zurück zu den dramatischsten Stunden im Leben eines Kfz-Mechatronikers. Man soll es nicht glauben, aber – es gibt Autos, die Werkstätten gleich reihenweise hinters Licht führen. Vielleicht der übelste Vertreter dieser Spezies war ein Mercedes 300 SL Cabrio, Baujahr 1989. Also aus der Anfangszeit der Digitalisierung.

HANS-JÜRGEN: An diesem Fahrzeug hatten sich bereits etliche andere versucht, nicht zuletzt eine Mercedes-Werkstatt. Alles zusammengenommen hatten unsere Vorgänger schon Ersatzteile im Wert von ungefähr 6000 Euro eingebaut. Da war also viel neue Technik drin, trotzdem spielte der Wagen nach wie vor verrückt.

HOLGER: Es geht schon gleich gut los. Wir setzen uns rein, lassen den Motor an, und er gurgelt nur schlapp vor sich hin. Plötzlich pendelt der Drehzahlmesser hin und her, weil der Wagen von sich aus stoßweise Gas gibt, als wäre ein nervöser Fahrer am Werk, der seinen Motor in kurzen Abständen ungeduldig aufheulen lässt. Dann trete ich aufs Gas, der Wagen kommt in Fahrt, und der Fehler ist weg. Nichts, einwandfreies Fahrverhalten. Höchstens, dass der Motor etwas schwammig wirkt, jedenfalls nicht 100 Prozent Leistung bringt. Also, tut uns leid – das wird etwas länger dauern, den müssen wir ausführlich Probe fahren.

HANS-JÜRGEN: Ich schnappe mir das Auto und fahre los. Landstraße, Autobahn, alles in allem über 1000 Kilometer. Das Verrückte ist: Unser Cabrio zeigt sich die ganze Zeit von seiner besten Seite. Mit jeder Verkehrssituation kommt es problemlos zurecht, nicht die geringste Beanstandung. Ich kann also nichts finden, bringe den Wagen zurück, stelle ihn Holger vor die Tür, der will am späten Nachmittag damit im Stadtverkehr rumfahren …

HOLGER: … ich setze mich also rein, und nach drei Minuten bleibe ich mitten auf einer Kreuzung in Köln liegen. Der Wagen wiegt knapp 3 Tonnen, gefühlt 10 Tonnen, ich kriege ihn jedenfalls nicht aus eigener Kraft von der Fahrbahn weg, schiebe, schwitze, fluche, da halten tatsächlich etliche Fahrer an und steigen aus. Als Autodoktor liegen zu bleiben, wirkt auf andere Menschen offenbar irrwitzig komisch, jedenfalls bepissen sich die Leute vor Lachen – hätte ja keiner damit gerechnet, jemals einem der Autodoktoren aus der Verlegenheit helfen zu dürfen! Ich also in einem hochexplosiven Zustand, aber gemeinsam kriegen wir das Fahrzeug von der Straße. Sofort nehme ich mein Handy, wähle Hans-Jürgens Nummer, er geht dran, und ich lege los: »Hast du sie noch alle? Willst du mich verarschen? Du erzählst mir, dass der Wagen wie am Schnürchen läuft, und ich fahre keine 200 Meter damit, bleibe mitten auf der Kreuzung liegen und kann mir auch noch die Kommentare anhören …!« Und Hans-Jürgen: »Unmöglich.« Das ist alles. Gut, ich steige wieder ein, starte den Wagen, der Motor springt an, ich fahre los … und der Fehler ist weg.

In den nächsten Wochen wiederholte sich dieses Spiel: Der Fehler trat unvermittelt auf und war dann wieder für Stunden oder Tage verschwunden. Kurz und gut, ich habe unendlich viel Zeit mit diesem Auto verbracht. Meine Frau hatte schon keine Lust mehr, damit zu fahren – so ein alter SL ist ja nicht sonderlich bequem.

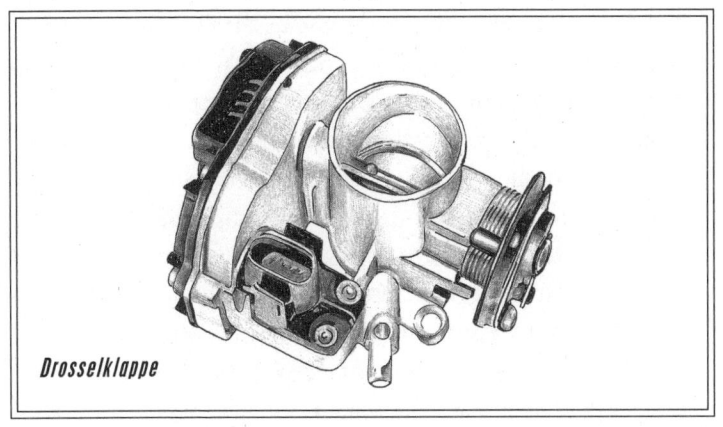

Drosselklappe

Irgendwann stoße ich beim Messen auf einen kaputten Kabelstrang, schneide die Isolierung auf und sehe den Salat – das Innere total zerlegt. Ich hab also Hans-Jürgen angerufen: »Ich hab's! Ich hab's!« Ja denkste, auch mit neuem Kabelstrang bleibt alles beim Alten. Als Nächstes entdecke ich einen Defekt an der Drosselklappe, jubele schon wieder innerlich, erneuere einen der beiden Drosselklappen-Potenziometer – aber der Fehler ist immer noch da. Und irgendwann kommt der Mensch an einen Punkt, da will er nicht mehr. Meist lasse ich ein Auto dann für ein, zwei Tage stehen und kümmere mich nicht mehr drum. Jetzt aber bin ich so weit, mit diesem Katastrophenmobil überhaupt nichts mehr zu tun haben zu wollen. Die Kundin ist verständlicherweise entsetzt. »Seit drei Monaten haben Sie meinen Wagen jetzt schon – was ist denn nun damit? Der Sommer ist in Kürze vorbei, und vorher würde ich gern noch mal damit fahren!« Tja …

Am folgenden Sonntag ziehe ich mich in die Werkstatt zurück, um mich ein letztes, ein allerletztes Mal still für mich mit dem Mercedes zu beschäftigen. Ich messe zum hundertsten Mal mit meinem Laptop, und plötzlich denke ich: Leck mich … Kann das denn sein? Da muss jemand zwei Kabel vertauscht haben, und zwar das des Ansaugluft-Temperatursensors und das des Nockenwellen-Sensors! Die Stecker sind tatsächlich identisch, die Kabel allerdings unterscheiden sich farblich voneinander …

Und das war die Lösung. Durch diesen Irrtum hatte das Steuergerät falsche Informationen bekommen. Von einer gewissen Betriebstemperatur an müssen die Informationen für Einspritzung und Zündung nicht mehr plausibel gewesen sein, woraufhin das Steuergerät seinerseits unplausibel reagierte. Also etwa zur Unzeit Gas gab.

HANS-JÜRGEN: Wobei man wissen muss: Dieser Fehler war uns von Anfang an beim Fehlerauslesen angezeigt worden! Da stand: Nockenwellen-Sensor. Wir hatten damals gleich den Hersteller angerufen, und der hatte uns beruhigt: »Machen Sie sich nichts draus. Der Fehler steht schon mal drin, das kommt vor, bedeutet aber nichts.« Nachdem wir die Kabel getauscht hatten, war im Computer allerdings nichts mehr von Nockenwelle zu lesen gewesen …

HOLGER: Alles unfassbar. Nie auf andere hören! Am Ende hieß es: Zwei Stecker tauschen – und das Auto lief wieder einwandfrei. Also 6000 Euro umsonst versenkt. Aber was dann kommt, wenn du den Fehler endlich gefunden hast, ist Gänsehaut. Gänsehaut von Kopf bis zu den Zehen. So ein Erfolg feiert sich in mir ab, da steht alles auf Triumph, und jeder Nerv signalisiert Glückseligkeit. Für solche Augenblicke mache ich meinen Job. Für das Triumphgefühl und die extrem breite Brust, die ich dann kriege.

Aber lassen wir den Fall noch einmal in aller Ruhe Revue passieren. Die erste Aufgabe in solchen Fällen lautet immer: Du musst rauskriegen, wann der Fehler auftritt. Bei welcher Betriebstemperatur, bei welcher Geschwindigkeit, bei welchem Wetter? Auf abschüssiger oder ansteigender

Straße oder bei Schräglage? Alle diese Umstände gilt es in Betracht zu ziehen und zu einem Gesamtbild der Situation zusammenzusetzen, damit der Fehler reproduziert werden kann. Und die zweite Frage lautet dann: Warum tritt der Fehler auf? Bei unserem Mercedes allerdings waren diese Fragen gar nicht zu beantworten gewesen, weil der Defekt willkürlich auftrat. Es war kein System und keine Logik in seinem Verhalten zu erkennen gewesen. Die Fehlerquelle wurde daher eher zufällig entdeckt, und ich will noch einmal genauer auf die Ursache eingehen.

Ein Steuergerät hat man sich als programmiertes Kennfeld vorzustellen. Darunter versteht man, theoretisch gesprochen, die grafische Darstellung von veränderlichen Parametern in einem Diagramm. Verständlicher ausgedrückt könnte man sagen: Das Kennfeld ist das Gedächtnis eines Autos, oder besser: sein Bewusstsein. Dieses Kennfeld gleicht nun permanent alle Informationen ab, die es erreicht – vergleichbar mit dem Bewusstsein eines Skifahrers, der das Gelände checkt, das er vor sich hat. Er registriert das Gefälle, er merkt sich vereiste Stellen, er kalkuliert außerdem ein, dass sich gerade ein anderer Skifahrer nähert, und diese drei Informationen bestimmen sein Verhalten, wenn er jetzt losfährt. Ein Kennfeld funktioniert im Prinzip genauso. Es kombiniert alle verfügbaren Informationen, gleicht sie miteinander ab und richtet das Verhalten des Motors danach aus – ein hochkomplexer Vorgang, aber alle modernen Fahrzeuge arbeiten so.

Die Informationen, die ein Steuergerät empfängt, sind natürlich anderer Art als die des Skifahrers. Da zählt beispielsweise die Temperatur – sagen wir: 20 Grad –, da zählt das Gewicht der angesaugten Luft – sagen wir: 2,5 Kilo –, da zählt das Signal des Drosselklappen-Potenziometers – sagen wir: 1,2 Volt – und andere Einflüsse mehr. Diese

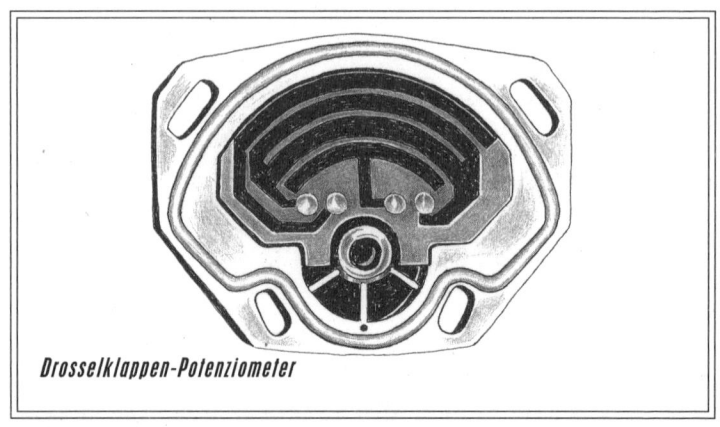
Drosselklappen-Potenziometer

Daten fließen alle in einem Punkt zusammen, und aus der Kombination sämtlicher Daten wird sowohl die Zündung gesteuert als auch die Kraftstoffmenge errechnet, die in einem bestimmten Moment eingespritzt werden muss. Dieser Vorgang spielt sich rasend schnell permanent ab, damit jederzeit ein optimales Gemisch gegeben ist.

Aus dem Kennfeld bezieht das Steuergerät, kurz gesagt, alle nötigen Informationen. Erhält das Steuergerät nun falsche Informationen, wie es bei unserem Mercedes der Fall war, reagiert es begreiflicherweise irritiert und stellt irgendetwas Unsinniges an. Es gibt Gas, obwohl der Motor gar nicht auszugehen droht, oder es fährt den Motor runter, obwohl das Gaspedal durchgetreten ist, es agiert sozusagen, als hätte der Motor einen epileptischen Anfall, und genau das hatten wir mit diesem 300 SL erlebt.

HANS-JÜRGEN: Wieso er trotzdem 1000 Kilometer Probefahrt durchstehen konnte, ohne schlappzumachen? Offenbar hat ihn das Stop-and-Go im Stadtverkehr mehr gestresst als zügiges Autobahnfahren. Na ja, Ende gut, alles gut. Und die leidgeprüfte Besitzerin ist auch noch zu ihrer spätsommerlichen Ausfahrt im offenen Cabrio gekommen.

8.
Scheitern ist keine Option

HANS-JÜRGEN: Wann ist dir eigentlich die Erleuchtung bei diesem Mercedes gekommen, Holger?

HOLGER: In besagter stillen Stunde, als ich noch einmal an den Anfang zurückgegangen bin ... Es ist ja so: Du entwickelst in deinem Kopf eine Reparaturgeschichte, und wenn du so weit gegangen bist wie wir in diesem Fall, verschwimmt der ganze Prozess irgendwann in deinem Gedächtnis, weil eins zum anderen kommt. Geh dann noch mal an den Anfang zurück. Rekapituliere jeden einzelnen Schritt. Was ist dir als Erstes, was als Zweites, was als Drittes aufgefallen? Und plötzlich dämmerte mir, dass ich ganz zu Beginn, drei Monate zuvor, schon auf den verdächtigen Nockenwellen-Sensor gestoßen war. Dummerweise hatte mir kein Schaltplan zur Verfügung gestanden –, aber ich hatte mir die Kabelfarbe dieses Sensors angeguckt, war dem Kabel nachgegangen und hatte geprüft, ob das Signal auch wirklich ankam. Ja, es kam an. Also hatte ich diesen Sensor als Fehlerquelle ausgeschlossen. Hätte ich einen Schaltplan gehabt, wäre mir wahrscheinlich aufgefallen: Die Farbe dieses Kabels ist falsch! Sie stimmt mit der im Plan vorgesehenen Farbe nicht überein! Mit anderen Worten: Das Signal kam an – nur war es eben nicht das richtige.

Darin hatte mein Fehler bestanden. Fehler in Anführungszeichen, denn ohne Schaltplan war die Kabelfarbe unmöglich zu bestimmen. Bei meiner Rekapitulation bin ich dann wieder auf diesen Nockenwellen-Sensor gekommen, habe noch einmal alle Parameter ausgelesen, habe mir das Kabel genauer angesehen, habe schließlich dieses Kabel gegen das des Ansaugluft-Temperatur-Sensors getauscht – und war am Ziel.

Also, die Erleuchtung … Sie kommt dir dann – und ich behaupte: immer nur dann –, wenn du zum Anfang zurückkehrst. Wenn du alles, was danach geschehen ist, aus deinem Gedächtnis verbannst und dich so dumm stellst, wie du im allerersten Moment warst. Wenn du deine anfängliche Unbefangenheit zurückgewinnst und noch einmal mit neuen Augen an die Sache herangehst.

Fassen wir zusammen. Bei diesem Mercedes 300 SL bin ich tatsächlich an meine Grenzen gestoßen. Ich war echt sauer. Ein Auto, das sein Geheimnis nicht preisgeben will, macht mich verrückt. Wenn du das erlebst – erst das wochenlange Herumrätseln, dann die Frustration, schließlich die Kapitulation vor Augen –, gibt es nur eine Erfolg versprechende Strategie: aussteigen. Den Wagen stehen lassen. Warten. Und zwei, drei Tage später weitermachen. Den Fall noch mal von vorn aufrollen, bis sich der Impuls, die zündende Idee, wider alle Erwartung einstellt. Also sich von dem Ärger erholen und dann mit unbefangenem Blick erneut an die Arbeit gehen.

HANS-JÜRGEN: Scheitern ist für die Autodoktoren jedenfalls keine Option … Ich kann mich nicht entsinnen, Holger, dass wir einmal in dem Sinne gescheitert wären, dass wir den Fehler nicht gefunden hätten.

HOLGER: Von uns darf man immer eine Lösung erwarten. Wobei wir unterscheiden müssen. Wenn wir die Filme drehen, steht die Diagnostik an erster Stelle. In diesem Fall nehmen wir Fahrzeuge, die nach einer Rundreise durch diverse andere Werkstätten unverändert kaputt zu uns kommen, genauestens unter die Lupe und analysieren, prüfen, durchleuchten. Das ist unser Job als Autodoktoren, und auf dem Gebiet haben wir eine Trefferquote von 100 Prozent. Etwas anders sieht die Sache aus, wenn im Werkstattalltag repariert werden muss. Das lehnen wir manchmal ab. Oder wir sagen dem Kunden klipp und klar: Ja, wir werden den Fehler finden, aber es können dabei viele Arbeitsstunden zusammenkommen. Mag sein, dass wir eine Stunde brauchen, mag aber auch sein, dass wir zwanzig benötigen. Wie sollen wir vorgehen? Denn bezahlen musst du, lieber Kunde … weil wir ein Wirtschaftsunternehmen sind.

HANS-JÜRGEN: Erinnerst du dich, Holger? Der Alfa Romeo mit der Kurbelwelle war so ein Fall, wo wir den Kunden für die Reparatur an eine Fiat-Werkstatt verwiesen haben. Dafür hatten wir uns aber bei der Diagnose allerhand einfallen lassen.

HOLGER: Ja, eine ganz merkwürdige Geschichte. Hatten wir noch nie erlebt. Immer, wenn dieser Wagen in eine Rechtskurve fuhr, fiel die Kupplung aus. Genauer gesagt: Man musste das Kupplungspedal zweimal durchdrücken. Beim ersten Mal ereignete sich rein gar nichts, beim zweiten Mal war der Kupplungsdruck plötzlich da. Dieses Phänomen trat nur in Rechtskurven auf – in Linkskurven funktionierte die Kupplung einwandfrei. Man ahnt schon, dass dies einer der seltenen Fälle war, in denen Hören-Riechen-Schmecken-Fühlen nicht weiterführen würde. Was haben wir gemacht? Um herauszufinden, woran es lag, haben wir den Parkplatz vor meiner Werkstatt leer geräumt. Also alle Autos weg, damit Hans-Jürgen mit dem Alfa im Kreis fahren konnte, immer rechtsherum. Dann haben wir die Motorhaube abgebaut, um mir Bewegungsfreiheit zu verschaffen, denn meine Aufgabe war, im Motorraum sitzend während der Fahrt das Getriebe im Auge zu behalten. Das war kein alltäglicher, das war auch kein ungefährlicher Job. Am Ende hockte ich auf dem Motorblock, einen Sturzhelm auf dem Kopf, mit Klebeband irgendwie an der Karosserie befestigt, den Kotflügel fest umklammert und den Blick starr nach unten gerichtet, während Hans-Jürgen seine Runden drehte. Und da zeigte sich: Die Kurbelwelle hatte Spiel. Durch die Masseträgheit wanderte sie in Rechtskurven ein Stück nach links und drückte die Kupplung auf diese Weise auseinander. Das heißt, der Weg, den das Ausrücklager zurücklegen musste, war zu groß. Erst mit dem zweiten Kupplungsdruck wurde das Lager so weit rübertransportiert, dass es in der richtigen Stellung war … Die ungewöhnliche Testmethode hatte sich also bewährt, aber ich war kurz davor, in meinen Helm zu kotzen.

HANS-JÜRGEN: Und diesen Schaden haben wir nicht repariert. Wir hätten den Motor ausbauen und zerlegen müssen, um die Kurbelwelle neu zu lagern, aber das verstehen wir nicht als unsere Aufgabe, das sollen sie bei Fiat machen. Was aber die Diagnose angeht, kann sich der Kunde darauf verlassen: Wenn wir einmal angefangen haben, ziehen wir das Ding bis zum Happy End durch. Da kitzelt uns auch der Ehrgeiz – andernfalls wäre ich nicht Stunde um Stunde in einem Mercedes 300 SL durch die Gegend gefahren, der uns sein Geheimnis auch nach 1000 Kilometern noch nicht verraten wollte.

So, Holger, haben wir das Thema Diagnose damit erschöpfend behandelt?

HOLGER: Es fehlt noch was.

HANS-JÜRGEN: Richtig. Es fehlt noch was. Nämlich Seine Majestät, der Kunde. Ganz wichtig. Nächstes Kapitel?

HOLGER: Nächstes Kapitel.

9.
Seine Majestät, der Kunde

HANS-JÜRGEN: Die Diagnose beginnt mit dem Kundengespräch an der Theke; da ist Holger mit mir wahrscheinlich
einer Meinung. Wenn ein Kunde …
Nein, ich will anders anfangen. Ich möchte mit einer
Kundin beginnen. Diese Kundin wird im ersten Gespräch
etwa Folgendes sagen: »Mein Auto läuft nicht richtig. Das
macht im Leerlauf …« – und sie ahmt ein schnatterndes
Geräusch nach. »Und wenn Sie losfahren?«, will ich wissen.
Antwort: »Es bleibt, ist aber nicht mehr so deutlich zu hören.« Aha. Prima. Jetzt habe ich schon eine annähernde
Vorstellung. Da könnte eine Fehlzündung im Spiel sein,
da könnte ein Zylinder ausgefallen sein, mit dieser Angabe
kann man jedenfalls arbeiten.
Und jetzt der Mann. Er kommt zum Empfang und hört
sich dann etwa so an: »Mein Auto läuft nur auf drei Zylindern. Das müssen die Zündkerzen sein. Schauen Sie sich
die doch mal an.«
HOLGER: Kenne ich, Hans-Jürgen. Oft haben sich die Männer
tatsächlich schon ein klares Bild von dem Defekt gemacht
und geben ihre Vermutung als Diagnose aus. Selbstsicher-
heit ist ja gut und schön, aber in diesem Fall kann sie uns
auf die falsche Fährte locken. »Ich habe ein Geräusch an
meinem Wagen, es muss die Kardanwelle sein.« – »Aha.
Sollen wir uns jetzt die Kardanwelle vornehmen?« – »Sie

machen doch die Diagnose!« – »Aber Sie haben gesagt, es ist die Kardanwelle ...« – und schon steht man da. Als Kunde sollte man seine Worte bei der Annahme also gut wählen, denn mit seiner Aussage beginnt die Diagnose. Für uns steht am Anfang immer die Frage: Wie empfindet der Kunde den aufgetretenen Fehler?

HANS-JÜRGEN: Und auf diesem Gebiet sind Frauen einfach besser. Sie setzen sich so gut wie nie ein festes Bild in den Kopf. Ihnen liegt auch nichts daran, uns gegenüber ihre Kompetenz unter Beweis zu stellen. Frauen sagen in aller Regel nur, was sie hören, spüren, bemerken, was ihnen aufgefallen ist.

HOLGER: Und das macht es leichter, sich in den Fall hineinzuversetzen. Man kann sich schon fast die Probefahrt sparen, weil Frauen uns einen sinnlichen Eindruck liefern, mit dem wir etwas anfangen können. Einer Frau gut zuzuhören, bringt uns jedenfalls oft schon ein ganzes Stück weiter. Solange es sich um ein verdächtiges Geräusch handelt, kommt man bei Männern hingegen um die Probefahrt nicht herum. Tritt dieses Geräusch auf, kann man meist alles, was sie sich vorher zusammengereimt haben, vergessen.

HANS-JÜRGEN: Geht mir genauso. Und dazu kommt: Viele Männer machen sich im Internet schlau, bevor sie in die Werkstatt kommen. Die wissen dann schon, woran es liegen muss, und damit fängt für uns das Rätselraten an: Richte ich mich nach der Einschätzung des Kunden, oder lasse ich mich von der Notwendigkeit leiten, den Fehler zu ergründen und zu beheben?

HOLGER: Mit anderen Worten: Zur Diagnose gehört eine ordentliche Portion Menschenkenntnis. Es gibt auch Männer, die sich mit der eigenen Beurteilung zurückhalten. Aber wenn wir so einen richtigen Experten vor uns haben, lässt er uns an seinem Wissen teilhaben und erwartet, dass wir baff sind. Also fragen wir uns grundsätzlich bei jedem, der unsere Werkstatt betritt: Wie ist er drauf? Um welche Gattung Mensch handelt es sich, mit welchem Auto kommt er an, in welchem Zustand befindet es sich, und wie wichtig ist ihm sein Fahrzeug? Wenn wir die Autotür öffnen, einen Blick in den Innenraum werfen und feststellen, dass man nur mit einem Rasenmäher durchkäme, wissen wir Bescheid: Der hat nicht viel für sein Auto übrig, der wird auch kaum eine hilfreiche Diagnose stellen können.

Kurzum, Kunden einschätzen zu können bringt uns echt weiter. Sollte man bei der Annahme nicht in eigener Person dabei gewesen sein, auf jeden Fall den Kunden noch mal anrufen und nachfragen! Der Kontakt zum Kunden ist genauso wichtig wie der Kontakt zum Auto.

HANS-JÜRGEN: Jetzt geht die Geschichte aber weiter, Holger. Was nicht selten vorkommt. Der Wagen, in diesem Fall ein älterer Peugeot, steht fertig im Hof, der Kunde kommt ihn abholen und sagt: »Ich habe an meinem Wagen gerade eine Beule entdeckt, die vorher nicht drin war. Das muss Ihnen passiert sein.« Ich gehe raus – was sehe ich? Der linke Kotflügel vorn war total verdellt. Das kann doch nicht sein ... Jetzt haben wir bei uns zum Glück überall Videoaufzeichnung, drinnen wie draußen. Ich suche die fragliche Aufzeichnung raus, schaue sie mir mit dem Kunden zusammen an und sehe: Seine Frau kommt mit dem Auto auf den Hof gefahren, und der Kotflügel ist bereits Marke Wellaform. »Sehen Sie das?« Er stutzt. »Ja ... Dann muss ich mal mit meiner Frau reden.« Das war vorher nicht! – wie oft habe ich diesen Satz in den letzten 40 Jahren schon gehört ...

HOLGER: Immerhin lag hier keine böse Absicht vor. Bei uns

ist mittlerweile auch alles mit Kameras ausgestattet. Seither sind die schönen Zeiten der hitzigen Wortgefechte vorbei – »Waren wir nicht!« – »Waren Sie doch!« Ich möchte nicht wissen, wie viele Schäden ich früher bezahlt habe, die vorher schon dran gewesen waren. Natürlich gehe ich immer davon aus, dass der Kunde uns nicht verkackeiern will, dass er die Beule in diesem Moment tatsächlich zum ersten Mal sieht.

Es kommt aber auch vor, dass dir jemand mit voller Absicht einen Schaden anhängt. Uns ist es passiert, dass eine Kundin sich bei uns im Hof ins Auto setzt, den Rückwärtsgang einlegt, Gas gibt, mit dem Heck voll gegen die Wand knallt, dann zu uns ins Büro kommt und zu meinem Sohn sagt: »Ihr habt mein Auto kaputt gefahren.« Haben wir uns das Video angeguckt – tja, Pech gehabt. Aber solche Vorkommnisse nagen an deinem Menschenbild …

HANS-JÜRGEN: Holger, du bist zu sensibel! Aber im Ernst … Kürzlich erst hat Holger einen langjährigen Kunden aus seiner Werkstatt rausschmeißen und die Polizei einschalten müssen. Da war plötzlich eine Mauer auf seinem Grundstück beschädigt, es lagen sogar noch Scherben von einem Mercedes-Rücklicht rum, er wusste aber von nichts. Guckt er sich also das Video an und sieht, wie ein Kunde beim Zurücksetzen die Mauer rammt, den Vorwärtsgang einlegt, Gas gibt und verduftet. Holger ruft den Mann an, der kommt vorbei und leugnet. Streitet alles ab, und tatsächlich – an seinem Rücklicht ist nichts zu sehen. Da hatte sich der Kerl ein gebrauchtes Rücklicht besorgt und eingebaut und geglaubt, er käme mit dieser Nummer durch. Unfassbar.

HOLGER: Traurig, dass wir zu unserem eigenen Schutz überall Kameras haben müssen.

Damit sind wir beim Thema Ehrensache. Stehen wir zu

dem, was wir tun? Übernehmen wir Verantwortung für das, was wir leisten? Hans-Jürgen und ich machen das. Auch uns unterlaufen Fehler, aber alles, was schiefgelaufen ist, wird bei uns aufgedeckt, mit dem Kunden besprochen und wiedergutgemacht. Und ich garantiere: Jeder Kunde mit einer Reklamation, die ich bearbeite, ist glücklich und kommt wieder.

HANS-JÜRGEN: Du kommst mit deinem Laden ja nicht weit, Holger, wenn du nicht ehrlich bist. Es macht die Runde, wenn du jemanden betuppst. Der Kunde hat ein schlechtes Gefühl, fährt das nächste Mal in eine andere Werkstatt, und die sagen: »Mein Gott, was hat denn die Vorgängerwerkstatt mit Ihrem Wagen angestellt?«

HOLGER: So ist es. Folgender Fall kommt mir gerade in den Sinn: Uns wird ein Audi mit defekter Kardanwelle gebracht. Die Diagnose hat der Kunde selbst gestellt, aber gut, wir führen den Auftrag wunschgemäß aus. Dieser Kunde kommt von weit her, besucht gerade seine Freundin in Köln und hat die Gelegenheit genutzt. Später holt er den Wagen wieder ab, und anderntags laufe ich durch die Werkstatt und entdecke in einer Ecke ein Blech. Ein Abschirmblech, das die Hitze, die der Auspuff abstrahlt, von der Kardanwelle abhält. Fehlt dieses Blech, geht die Kardanwelle nach spätestens 30 000 Kilometern kaputt.

Ich wende mich also an den Mitarbeiter, der die Kardanwelle erneuert hat. »Du hast vergessen, dieses Blech einzubauen.«

»Nee, das gehört nicht dazu.«

»Von wem soll das Blech denn sonst sein?«

»Weiß ich auch nicht.«

Okay, wir werden sehen. Auf dem Blech ist eine Produktionsnummer eingestanzt. Ich lasse in unserem Programm

nachschauen, welchem Fahrzeugtyp diese Nummer zugeordnet werden kann, und komme über den Fahrzeugtyp zum Kunden. Aha, passt zu dem Audi mit der Kardanwelle, kann also nur unser von fern angereister Freund sein. Ich hätte jetzt hingehen und das Blech wegschmeißen können. Habe ich aber nicht. Ich habe den Kunden angerufen: »Wir haben an Ihrem Fahrzeug ein Blech vergessen. Sind Sie noch in Köln?« – »Ja.« – »Können Sie Dienstagmorgen vorbeikommen?« – »Klar.«
Er kommt, ich gucke unters Auto, Blech fehlt – Blech eingesetzt, erledigt. Zum Schluss habe ich mich entschuldigt und ihm eine Autogramm-Tasse von uns geschenkt ...
Harmonischer Reparaturverlauf.
Und darum geht es. Um die Gefühle des Kunden. Meine Kunden sollen ein gutes Gefühl haben. Und außerdem: Ich fühle mich ja selbst nicht wohl, wenn ich bescheiße. Also wenn die Situation nicht hundertprozentig eindeutig ist, entscheide ich zugunsten des Kunden. Denn ein Kratzer kann jedem passieren. Der Monteur verschiebt seine Werkzeugkiste, ein Draht guckt raus, schon ist der Kratzer im Lack. Meine Leute kriegen keinen Anschiss, wenn ihnen so was passiert. Und Ehrlichkeit ist gar nicht so schwer. Am Anfang mag sie Überwindung kosten, aber mit der Zeit wird sie dir zur Gewohnheit. In jedem Fall ist Ehrlichkeit für mich nicht bloß ein beliebiger Geschäftsgrundsatz, an den ich mich widerwillig halte – sie entspricht meiner vollen Überzeugung.

HANS-JÜRGEN: Geht mir ganz ähnlich. Wenn du was erfindest, um dir Ärger zu ersparen – bei der nächsten Begegnung verplapperst du dich sowieso. Es ist nämlich viel zu anstrengend, sich ständig auf seine kleinen Betrugsmanöver zu konzentrieren. Da bleibe ich lieber bei der Wahrheit. Im Übrigen: Wir machen unseren Job gern. Wenn du aber

etwas mit Leidenschaft betreibst, wenn du mit dem Herzen dabei bist, liegt es dir sowieso fern zu schummeln.

HOLGER: Und das Geld kommt von selbst, wenn dein
Geschäftsgebaren redlich ist. Das gibt's noch obendrauf.
Fazit: Allen ist gedient, solange es in einer Werkstatt mit
rechten Dingen zugeht, und auch das Auto läuft wieder.

10.
Die Autodoktoren vor Gericht

HANS-JÜRGEN: Nun liegt es in der Natur der Sache, dass die Wahrheit manchmal ausgerechnet durch uns ans Tageslicht kommt, entweder in der Sendung, wo alle es mitkriegen, oder in der Werkstatt, wo die Zahl der Zeugen begrenzt ist. In beiden Fällen erleben wir dann oft die gleiche Reaktion: Erst ist der Kunde froh, dann ist er stinksauer. Und eigentlich auch zu Recht. Weil er sich sagt: Ich war vorher in drei Werkstätten, das hat mich eine Stange Geld gekostet, ohne dass etwas dabei herausgekommen wäre, und die Autodoktoren kommen nach einer Stunde an und sagen: Ihr Wagen ist fertig … Der Mann versteht die Welt nicht mehr. Kein Wunder, dass er mit dem Gedanken spielt, sein Geld von den anderen Werkstätten zurückzufordern, nötigenfalls vor Gericht. Und plötzlich sind wir Beteiligte an einem Prozess.

HOLGER: Obwohl wir vorher dringend davon abgeraten haben. »Ja, das ist schade«, sagen wir. »Das ist ärgerlich, aber besser, Sie klagen nicht.« Denn was immer vorher in der anderen Werkstatt geschehen sein mag: Man muss es nachweisen können – und das ist sehr schwer. Das ist der Grund, warum schwarze Schafe in unserer Branche – und wahrscheinlich nicht nur in unserer Branche – so erstaunlich selten vor dem Kadi landen.

HANS-JÜRGEN: Es ist ja so: Keiner will's gewesen sein. Im Fall des Mercedes 300 SL haben wir uns hinterher wegen der vertauschten Stecker an die Werkstatt gewandt, die den Wagen als Letzte in der Mangel gehabt hatte.

HOLGER: Nach dem ganzen Ärger waren wir nämlich in der Stimmung, mit dem Meister dort ein Wörtchen zu reden. Natürlich ohne Kamera. Aber der wies alle Schuld von sich. Nein, nein, sagte er, das Auto habe eine Gasanlage gehabt, und um es wieder in den Originalzustand zu versetzen, habe er es in eine andere Werkstatt gebracht, und dort seien die Stecker höchstwahrscheinlich vertauscht worden …

Da haben wir aufgegeben.

HANS-JÜRGEN: So. Und weil es nun mal so ist, weisen wir immer darauf hin, dass wir für Gerichtverhandlungen nicht zur Verfügung stehen. Es sollte reichen, dass wir viel Zeit und Arbeit in ein Auto investiert haben, da möge man uns bitte mit Gerichtsterminen in Düsseldorf, München oder Leipzig verschonen. Sollte ein Autobesitzer in seiner verständlichen Wut trotzdem zum Anwalt gehen, haben wir natürlich keine Wahl. Der Anwalt wird sagen: »Ohne die Zeugen Faul und Parsch haben wir keine Chance« – und schon sind wir beide dran.

HOLGER: Das können wir in den meisten Fällen zum Glück im Vorfeld abwenden. Ist daher bisher auch nur einmal vorgekommen. Ein empörter Mini-Besitzer hatte gegen die Werkstatt geklagt. Den Gerichtstermin in Bergheim seinerzeit hatten wir dreimal absagen müssen – mal konnte ich nicht, mal konnte Hans-Jürgen nicht –, aber irgendwann klappte es doch …

HANS-JÜRGEN: … und da stehen wir nun vor der Schleuse am Eingang des Gerichtsgebäudes, wo jeder auf Waffen kontrolliert wird. Der Polizist hinter der Glaswand erkennt uns, aber die Sicherheitsvorschriften gelten auch für die

Autodoktoren. »Haben Sie gefährliche Gegenstände dabei?« – »Nur, was ich für alle Fälle immer dabeihabe, Schraubenzieher und Cuttermesser.« Er grinst. »Na, dann mal her damit.« Schweren Herzens lasse ich mich entwaffnen.

HOLGER: Vom Richter werden wir anschließend mit den Worten begrüßt: »Ach, die Herren Autodoktoren. Schön, dass Sie diesmal Zeit für mich gefunden haben.« Na ja. Wir tätigen unsere Aussage, und der Kläger bekommt sein Geld am Ende von der Werkstatt zurück. Die Beweislage war eindeutig. Wir hatten für VOX einen Film über den Mini gedreht, und dieser Film ließ keine Frage offen.

HANS-JÜRGEN: Ich meine: Wenn eine Werkstatt klug ist, einigt sie sich bei klarer Beweislage mit dem verärgerten Kunden, sodass es gar nicht erst zum Prozess kommt. Insgesamt ist die Lage eher schwierig: Der Kunde möchte eigentlich den Auftrag erteilen, ein bestimmtes Problem zu lösen. Der Aufwand ist aber für die Werkstatt völlig unübersehbar. Darum rufen die ja den Kunden während der Diagnose an und lassen sich den Tausch eines bestimmten Teils, von dem sie glauben, dass es ursächlich für den Fehler ist, freigeben. Dann ist das eben der Auftrag: Ja, tauschen Sie den Generator oder den Luftmassenmesser. War es das dann aber eben nicht, kommt der nächste Anruf – und damit der nächste Auftrag. Das ist auch für uns schwierig. Darum sagen wir immer: Sie müssen die erste Stunde Diagnose investieren, danach sagen wir Ihnen unsere Einschätzung, und Sie entscheiden. Das wäre auch unser Tipp an die Autofahrer: Das ist ein für beide Seiten gangbarer Weg. Finden wir zumindest.

HOLGER: So, das war ein kurzer Seitenblick auf die juristischen Begleitumstände unseres Handwerks. Natürlich gibt es viele Werkstätten, die sauber arbeiten. Es gibt aber leider auch welche, die das nicht tun, jedenfalls nicht immer. Nun darf man allerdings eins nicht vergessen: Wir leben nicht mehr im Jahr 1980, als man beim Start eines Dieselmotors noch vorglühen und einen Choke ziehen musste, woraufhin sich der Motor erst mal widerwillig schüttelte, bevor er in Schwung kam. Wir leben in den 20er-Jahren des 21. Jahrhunderts, und Chokes begegnet man allenfalls noch in Kleinflugzeugen und an Außenbordmotoren. Was ich damit sagen will: Autos sind ungeheuer komplizierte technische Wunderwerke geworden, sie stellen Werkstätten daher vor viel größere Herausforderungen als früher. Bestimmte Reparaturvorgänge sind für den Monteur regelrecht gefährlich – ein Fehler, eine Unaufmerksamkeit, und die Hand ist zerquetscht. Als Mechatroniker hast du heute also schon eine Menge Hürden auf dem Weg zur erfolgreichen Reparatur zu überwinden. Das bedeutet für unseren Beruf: Entweder du interessierst dich für diese rasante technische Entwicklung und bleibst am Ball, nimmst an Schulungen teil und liest die Fachliteratur, oder du musst mit einem Schrauberdasein vorliebnehmen und dich mit Räderwechseln und Auspuffmontieren begnügen. Was an stupider Arbeit übrig bleibt, wird jedenfalls von Jahr zu Jahr weniger.

Um nur ein Beispiel zu geben, bevor wir uns im nächsten Kapitel ausführlicher mit modernen Autos beschäftigen: Ein Unfallschaden landet in einer Werkstatt. Die Versicherung bekommt den Schaden gemeldet. Jetzt möchte sie wissen, wie hoch der Schaden ist. In allernächster Zukunft wird die Bestandsaufnahme dann folgendermaßen vonstattengehen: Der Werkstattmitarbeiter setzt sich so eine neumodische »Augmented Reality-Brille« auf, läuft um das Fahrzeug herum, betrachtet es von allen Seiten – und währenddessen werden die Bilder des Fahrzeugs aus der

Perspektive des Mannes an den Computer der Versicherungsgesellschaft übertragen; auf diese Weise erhält sie im Handumdrehen einen genauen Überblick über die Schäden. Als Nächstes wird der Rechner eine Liste aller benötigten Ersatzteile ausspucken, er wird auch die Kostenrechnung für die Reparatur gleich mitliefern – und dies alles geschieht, ohne dass ein Gutachter rausgefahren wäre und das Auto in Augenschein genommen hätte.

Keine Zukunftsmusik ... Und nun zu den Autos selbst.

11.
Früher Science-Fiction, heute Alltag

HOLGER: Wer hat das Wort, Hans-Jürgen – du oder ich?

HANS-JÜRGEN: Du.

HOLGER: Okay. Nehmen wir an, ich hätte ein Auto neuster Bauart vor der Tür stehen. Ich verlasse das Haus, ich nähere mich meinem Auto, und das Erste, was es macht, ist, mich zu scannen. Es weiß jetzt, wer da kommt, und denkt sich etwa Folgendes: Aha, das ist der Holger. Der ist jemand, der gewöhnlich schnell anfährt … und im nächsten Moment wählt es das entsprechende Getriebeprogramm für Schnellstarter aus. Der Holger liebt die flotte Gangart ganz unbedingt auch bei längerer Fahrt – also heizt es gleichzeitig die Abgasregelung vor, damit sich seine schadstoffmindernde Wirkung so rasch wie möglich einstellt. Im selben Moment fährt auch das Navigationssystem hoch, weil mein Auto ebenfalls weiß: Der Holger will vom ersten Augenblick an auf sein Navi zurückgreifen können. Sodann entriegelt es selbstständig die Fahrertür, und kaum hat Holger Platz genommen, fährt es den Sitz in die richtige, die komfortabelste, ergonomisch ideale Position. Und was ist mit den Außenspiegeln? Die stellt es natürlich auch selbstständig auf meinen Blickwinkel ein, genauso wie das Head-up-Display schon beim ersten Blick durch die Frontscheibe in meinem Blickfeld liegt.

Dies alles hat das Auto von sich aus gemacht, noch bevor

ich auf den Startknopf drücke. Das nächste Mal aber ist es meine Frau Elke Parsch, die sich ihm nähert. Und jetzt muss es umdenken, denn die Elke fährt vorsichtig. Die ist auch eine Umweltbewusste. Also passt sich das Auto einem anderen Fahrstil an und wechselt die Gangart – von sportlich auf gemütlich –, rückt ihr natürlich ebenfalls den Sitz zurecht und bedenkt obendrein die höhere Kälteempfindlichkeit meiner Frau – schon schaltet sich die Sitzheizung auf der Fahrerseite ein. Und so weiter und so fort, alles wie im Raumschiff Enterprise: Man kommt rein, man nimmt Platz, und sämtliche Systeme sind schon hochgefahren. Unglaublich faszinierend.

HANS-JÜRGEN: Wenn man darüber nachdenkt, was so ein Auto alles von sich aus klärt und regelt, noch bevor man drin sitzt … Und wir sprechen hier nicht von der Mercedes-S-Klasse, sondern von Autos vom Typ Golf. Anderes Beispiel: Wir kommunizieren heute mit unseren Fahrzeugen über Apps. Während meine Frau mit meinem Auto durch die Stadt fährt, kann ich zu Hause den Ölstand kontrollieren, den aktuellen Kilometerstand abrufen und vieles mehr checken. Wobei die Informationen, die ich erhalte, natürlich auch ans Werk gehen.

HOLGER: Jetzt könnte man natürlich einwenden: Wie schrecklich! Wir werden auf Schritt und Tritt kontrolliert! Ja, richtig. Aber Tatsache ist: Wir müssen mit der Entwicklung mithalten. Und wenn wir ehrlich sind: Was diese Autos können, begeistert uns im höchsten Maße. Muss dieser ganze Aufwand sein? Nein, sicher nicht. Aber geil finden wir ihn trotzdem.

HANS-JÜRGEN: Holger, lass uns für einen Augenblick zurück in die 70er-Jahre gehen. Du erinnerst dich: Gegen Ende dieses Jahrzehnts kam der Mercedes 300 Diesel raus. Der hatte sensationelle 95 PS! Der hatte eine Einspritzanlage mit Stempelpumpe, die Druck aufbaute und im richtigen Moment den Kraftstoff mit 120 bar einspritzte! – ebenfalls sensationell. Und was haben wir heute? Einen 3-Liter-Dieselmotor mit 340 PS und einem Einspritzdruck von bis zu 2000 bar!

HOLGER: Und ohne Vorglühen. Ohne Warten, bis das rote Lämpchen aufleuchtet. Und ohne Rütteln und Schütteln beim Anspringen. Auf Knopfdruck ist ein Dieselmotor heute da, man hört ihn kaum und hat auf Anhieb volle Leistung.

HANS-JÜRGEN: Und dieser Motor spritzt nicht nur ein Mal ein. Im selben kurzen Moment erfolgt eine mehrfache Voreinspritzung, dann die Haupteinspritzung und schließlich eine mehrfache Nacheinspritzung – nur zu dem Zweck, damit wir in den Genuss eines sanften, sauberen Motorlaufs kommen und die Abgaswerte niedrig halten können. Mittlerweile sind wir sogar so weit, dass die Einspritzanlage eines Diesels den schmutzigen Feinstaub vorne einsaugt und hinten durch den Auspuff als saubere Luft wieder von sich gibt. Heutige Autos stoßen tatsächlich weniger Feinstaub aus, als sie einsaugen! Man müsste also nur tausend moderne Dieselfahrzeuge durch die Stadt jagen, und anschließend würden alle wieder saubere Stadtluft atmen.

HOLGER: Das größte Thema im Zusammenhang mit Verbrennungsmotoren ist heute jedenfalls die Abgasaufbereitung. Und die ist aufwendig und hoch kompliziert – wie alles andere auch. Dadurch haben wir an einem Fahrzeug natürlich zahllose neue Fehlerquellen. Hoch kompliziert ist die Regelung der elektrisch angesteuerten Ventile, der variablen Verstellung der Nockenwelle oder der höheren Öffnungszeiten der Einlass- und Auslassventile; dazu kommen noch jede Menge Steuergeräte und Sensoren und Aktoren ... Das muss man sich so vorstellen: 40 bis 50 Steuergeräte sind es in einem normalen Mittelklassewagen, 110 bis 150 in einem Auto der Oberklasse, und alle kommunizieren miteinander, ein System greift in das andere, alles ist mit allem verknüpft, die Hydraulik mit der Pneumatik und die Elektrik mit allem anderen. Kurzum – was sich die Ingenieure an technischen Lösungen einfallen lassen, entlockt mir nicht selten den Stoßseufzer: Leute, das ist kein Ausstellungsstück! Das ist doch ein Auto! Das ist doch täglich im Einsatz und nicht nur auf superasphaltierten Autobahnen! Das geht doch kaputt!

HANS-JÜRGEN: Geht auch tatsächlich kaputt. »Nach zwei Jahren habe ich schon den ersten Defekt ...«, heißt es dann – ja, klar, aber früher hast du noch den Choke gezogen und bist mit 110 Kilometern pro Stunde bei 15 Liter Spritverbrauch in die Eifel gefahren. Heute bist du mit 220 Stundenkilometern unterwegs und bleibst mit deinem Verbrauch trotzdem unter acht Litern!

HOLGER: Und nun denke man mal an die Belastungen, denen dieses Hightech-Kunstwerk namens Auto im Alltagsbetrieb ausgesetzt ist. Wie gut hat es demgegenüber ein normaler PC! Der steht erschütterungsfrei in einem geschützten Raum bei gleichmäßiger Zimmertemperatur und gleichbleibender Luftfeuchtigkeit. Aber in einem Auto haben wir ganz andere Umweltverhältnisse, da schwankt die Außentemperatur zwischen −20 und +40 Grad, und wenn die Sonne draufknallt, herrscht im Innenraum eine Hitze von 60 oder 70 Grad –, trotzdem muss die Technik funktionieren, trotzdem muss das Display anzeigen.

HANS-JÜRGEN: Das muss man sich mal vorstellen, Holger: Ein PC, den man solchen Bedingungen aussetzen würde, wäre in kürzester Zeit hinüber. Man mache nur einmal

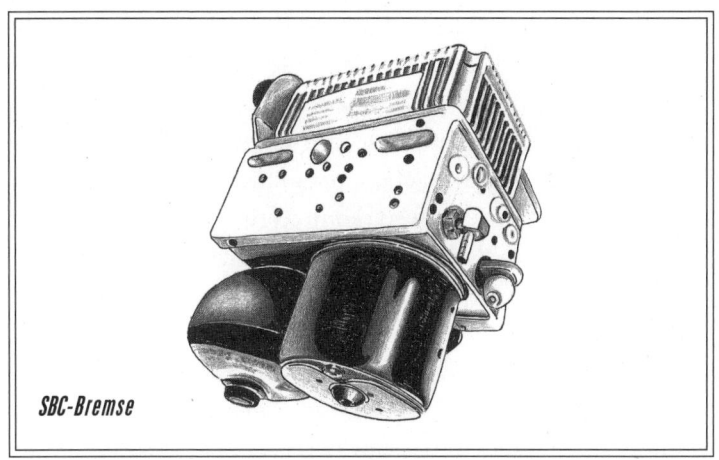

SBC-Bremse

den Versuch und rüttele seinen Rechner durch und versetze ihm laufend heftige Stöße ... Wie robust muss ein Auto sein, wenn man allein bedenkt, in welchem Zustand heute unsere Autobahnen sind. Im Pkw merkt man kaum etwas davon, weil jede Erschütterung zig-fach gedämpft beim Fahrer ankommt, aber wenn ich mit meinem Wohnmobil unterwegs bin, muss ich befürchten, dass sich die Schränke von den Wänden lösen – oder die Steuergeräte abfallen. Aber eher kommen die Schränke runter, als dass die Steuergeräte durch die Gegend fliegen.

HOLGER: Gut, Hans-Jürgen, das ist die eine Seite der Medaille. Die andere Seite ist, dass du über der Reparatur heutiger Autos wahnsinnig werden kannst. Es braucht nur ein Steuergerät 'nen Schnupfen zu haben, gleich drehen alle anderen Steuergeräte durch. Diese Systeme sind furchtbar empfindlich, das ist die Schattenseite des Fortschritts. Aber – wer die Nachteile nicht in Kauf nehmen will, kann sich ja einen Dacia kaufen.

HANS-JÜRGEN: Schönes Beispiel: moderne Bremsen. Sogenannte SBC-Bremsen. Also elektrohydraulische Bremsen.

Die haben gar keine Beläge mehr. Jede Bremse ist eine komplette Hydraulikeinheit. Und diese Dinger sind heimtückisch. Ein Fehler, eine Nachlässigkeit kann den Mann in der Werkstatt sämtliche Finger kosten.

Man muss sich klarmachen, dass eine solche Bremse mit herkömmlichen Bremsen kaum etwas gemeinsam hat. Was du hier mit dem Fuß an Bremsdruck spürst, hat nämlich nichts mit dem Druck zu tun, den du tatsächlich ausübst. Das heißt, der Fahrer hat gar keinen direkten Kontakt zur Bremse mehr; das gewohnte Bremsdruckgefühl wird durch einen Simulator erzeugt. Sensoren und Aktoren suggerieren dem Fahrer, dass er das Bremspedal mit mehr oder weniger Kraftaufwand betätigt – in Wirklichkeit aber wird der Bremsvorgang von einem Rechner gesteuert. Ein Steuergerät errechnet den nötigen Druck für jede Radbremse gesondert, und ein Druckspeicher erzeugt den Bremsdruck. Natürlich hat das Vorteile; so lässt sich der Bremsdruck besser dosieren, weil er von Rad zu Rad variiert, je nach Straßenverhältnissen, Witterungsbedingungen und Verkehrssituation. Noch schöner: Sobald der Regensensor Feuchtigkeit meldet, hebt das Steuergerät die Bremse ein bisschen an, damit sie warm und trocken bleibt. Alles mit dem Ziel, den Bremsweg um zwei, drei Meter zu verkürzen.

HOLGER: Aber, aber, aber … Okay, reparieren kann man eine SBC-Bremse immer noch. Aber nicht, indem man sich mit Schlüssel und Schraubenzieher am Rad zu schaffen macht und die Bremse einfach zurückdrückt. Bevor man sich der Bremse auch nur nähert, muss das Auto darüber in Kenntnis gesetzt werden, dass es sich in einer Werkstatt befindet, weil ein menschliches Wesen sich mit seiner Bremse befassen will und die Hydraulik deshalb vorübergehend Pause hat. Anders gesagt: Man muss das Steuergerät zunächst

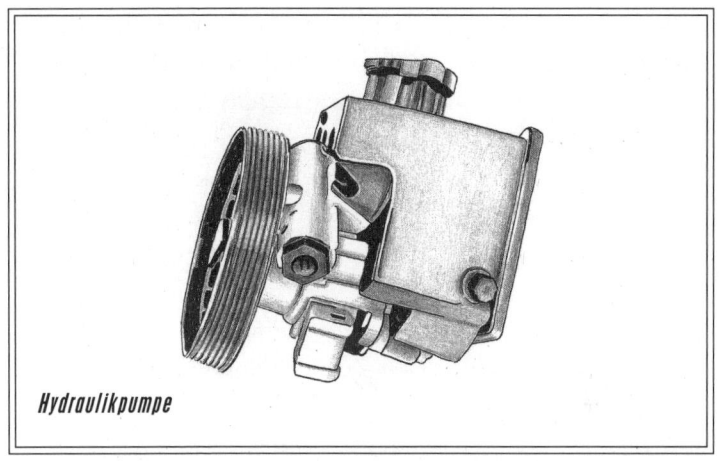

Hydraulikpumpe

über einen Tester in Service-Stellung bringen – sonst kann es passieren, dass die Sensorik plötzlich eigenmächtig zurückfährt und die Kolben der Bremse mit hohem Druck herausschießen. Wer dann seine Finger dazwischen hat, ist sie los.

HANS-JÜRGEN: Das Dumme ist nämlich: Leichtsinn wird heute bestraft. Denn moderne Autos sind verwöhnt. Sie erwarten, dass man es ihnen recht macht, jederzeit und auf der Stelle – die Prinzessin auf der Erbse ist nichts dagegen. Und das betrifft nicht nur die Werkstatt, das gilt auch für den Fahrer.

Neulich hatte ich einen Mercedes in der Werkstatt, den der Besitzer preiswert erstanden hatte. Er kam zu mir, weil das Steuergerät seiner SBC-Bremse abgelaufen war. Die komplette Hydraulikanlage hat nämlich eine Lebensdauer von 15, höchstens 20 Jahren – oder 200 000-mal bremsen –, danach leuchtet eine Warnlampe auf, und das Ding muss umgehend ausgetauscht werden. Nun hätte es den Mann 1500 bis 2000 Euro gekostet, die Bremsanlage erneuern zu lassen, kleinere Reparaturen wären dazugekommen, und

Autobatterie

im Endeffekt hätten die Kosten den Kaufpreis überstiegen. »Wissen Sie was?«, habe ich ihm gesagt. »Investieren Sie keinen Cent. Lassen Sie Ihr Auto einstampfen.«

Und so müsste ein ehrlicher Rat in diesem Fall lauten. Jetzt gibt es natürlich theoretisch die Möglichkeit, das Ablaufdatum der Bremse auf Wunsch des Kunden zurückzusetzen. Das ist möglich, aber kriminell. »Denken Sie nicht mal daran«, habe ich meinem Kunden gesagt. »Der Ausführende würde dann mit einem Bein im Knast stehen, und Sie als Auftraggeber hätten sich ebenfalls strafbar gemacht.«

Soviel ich weiß, hat er das Auto anschließend tatsächlich verschrottet.

HOLGER: Aber, Hans-Jürgen – schon ein simpler Batteriewechsel verlangt heute Spezialwissen! Einem modernen Auto ist ja nur mühsam begreiflich zu machen, dass es eine neue Batterie hat! Nehmen wir an, die alte Batterie gibt allmählich ihren Geist auf. Sobald das Steuergerät das mitkriegt, schaltet es andere, weniger wichtige Systeme nach und nach ab, bis der Wagen eines Tages auch nicht mehr anspringt. Jetzt setzt du eine neue Batterie ein und willst losfahren. Aber nichts da – dein Auto beharrt stur darauf, dass seine Batterie leer sei, und bewegt sich nicht vom Fleck … Also muss man ihm klarmachen: Liebes Auto, du hast gerade eine neue Batterie bekommen, es ist das gleiche Modell wie die alte, sie hat dieselbe Leistung wie vorher – also mach dir keinen Stress und passe die neue Batterie bitte an dich an … Erst dann fahren alle Systeme wieder hoch, und der Wagen setzt sich in Bewegung.

HANS-JÜRGEN: Kurzum, und damit wollen wir das Kapitel beschließen: Immer anfälligere Autos bedeuten immer mehr Arbeit für die Werkstätten – von denen wiederum erwartet wird, dass sie technisch auf dem Laufenden sind, jede Menge Schulungen besucht haben, über eine technische Hotline verfügen und im Besitz kostspieliger, moderner Werkzeuge sind. Das können viele Werkstätten nicht mehr leisten. Wenn man dann noch aufhört dazuzulernen, Lehrgänge zu besuchen, sich fortzubilden – dann wird es schwierig. Fünf Jahre sind in unserem Job eine Ewigkeit. Zum gegenwärtigen Zeitpunkt wird zwar nicht das Rad, es wird aber sehr wohl das Auto neu erfunden, und wer diese Entwicklung verpasst, gefährdet seine berufliche Existenz.

HOLGER: Ein Beispiel noch, Hans-Jürgen. Darf ich …? Also, apropos moderne Werkzeuge. Was mir gerade dazu einfällt, ist die Reparatur einer Frontscheibe. Früher war das eine simple Angelegenheit, du hast die alte rausgenommen, die neue eingeklebt, und fertig. Aber heutzutage sitzt oben in der Scheibe eine Kamera für den Spurassistenten, und jetzt gibt es ein kleines Problem: Innerhalb ihres Rahmens hat die neue Frontscheibe nämlich ein paar Millimeter Spiel nach links oder rechts. Früher hätte das niemanden gestört, aber heute bedeuten 3 Millimeter Spiel auf eine Entfernung von 50 Metern – das heißt, so weit die Kamera eben guckt – womöglich eine Abweichung von mehreren Metern! Wenn man jetzt nicht millimetergenau arbeitet, könnte das Blickfeld der Kamera beträchtlich verrutschen und den Spurassistenten am Ende dazu bringen, dich in die Leitplanke zu setzen. Folglich setzt man heute keine Frontscheibe mehr ein, ohne sie mithilfe spezieller Tafeln exakt zu kalibrieren. Dieses Kalibriersystem aber kostet ein kleines Vermögen. Womit ich sagen will: Du musst dich nicht nur ständig weiterbilden – du bist auch gezwungen, laufend zu investieren. Wir sind also nicht zu beneiden …

12.
Aus der Werkstatt zum Film

HOLGER: Von der Zukunft …

HANS-JÜRGEN: … die längst angebrochen ist …

HOLGER: … in die Vergangenheit. Sollen wir jetzt schon aus unserer Kindheit erzählen, Hans-Jürgen?

HANS-JÜRGEN: Berichten wir erst mal, wie's mit der Filmerei angefangen hat. Lars, unser Produzent, ist ja schon vorgekommen, und mit Lars hat auch alles angefangen.

HOLGER: Gut, gehen wir zurück in die finsteren Zeiten, als es noch keine Autodoktoren gab. Wir schreiben das Jahr 2006. Hans-Jürgen hat seine Werkstatt schon seit 28 Jahren, ich habe meine seit 25 Jahren, trotzdem hat die Welt bisher kaum Notiz von uns genommen. Gleichzeitig aber lebt irgendwo in Nordrhein-Westfalen ein Mensch namens Lars Faust, Fernsehjournalist und Filmproduzent seines Zeichens. Er produziert diverse Serien für das Fernsehen, die allermeisten im Bereich Auto. Und dieser Lars macht gerade eine bittere Erfahrung: Er hat zusammen mit seiner Frau einen gebrauchten Passat gekauft. Und nach ein paar Tagen schnarrt es aus dem Getriebe. Der Händler sagt: Geh zur Werkstatt vor Ort, ich übernehme die Kosten für die Beseitigung des Problems. Die Werkstatt sagt nach zwei Tagen Suche: Das Getriebe ist kaputt und muss raus – ein Schaden von mehreren Tausend Euro. Der Händler seufzt und sagt: Dann ist es so, ich muss ja Gewährleistung geben. Lars misstraut aber der Diagnose der Werkstatt, fragt einen Freund, der Meister bei einer anderen Werkstatt ist. Und der macht den Faltenbalg vom Schaltknüppel hoch, biegt eine Metallklammer zusammen und sagt: Das war's. Und das war es auch – kein Rasseln mehr aus dem Getriebe. Und auch keine völlig unnötigen Kosten für den Händler. Aber der Startschuss für die Autodoktoren. Denn damit war die Idee geboren. Wenn ich das schon erlebe, dann gibt es das vielleicht häufiger, denkt sich Lars. Und wenn es irgendwo in Deutschland tatsächlich eine Werkstatt gäbe oder einen Meister, der mit Autos fertigwird, an denen alle anderen scheitern, dann – könnte man doch eine Sendung daraus machen! Mit diesem Einfall wendet er sich an VOX. Dort zeigt man Interesse.

HANS-JÜRGEN: Daraufhin legt Lars los. Er sucht und sucht und sucht. Er schaltet Annoncen in Fachzeitschriften. Und schreibt Kfz-Innungen an. Er wird also bei der ersten vorstellig, er wird bei der nächsten vorstellig, und so geht es immer weiter, ein Jahr lang. Er bekommt Tipps, er kriegt Namen genannt, er fährt auch hin und guckt sich die Leute an, aber am Ende steht er vor der deprimierenden Bilanz: Auch nicht ein Werkstattleiter ist dabei, der für seine Sendung infrage käme. Denn der Arbeitstitel heißt da noch »Der Autodoktor«, weil er ja eigentlich auch nur einen gesucht hat.

HOLGER: Die Anforderungen sind allerdings echt hoch. Denn das Ganze soll nicht nur irgendeine Show sein, der Betreffende soll wirklich sehr hohe Fachkompetenz und Erfahrung haben. Außerdem darf er nicht an irgendeine Marke gebunden, muss also unabhängig sein und somit seine ehrliche Meinung öffentlich kundtun dürfen. Darüber hinaus muss er Zugriff auf eine sehr gut ausgerüstete Werkstatt haben und ganz nebenbei verstehen, dass nicht ausschließlich Wissen transportiert werden soll, sondern Wissen unterhaltsam rüberkommen muss. Der »Autodoktor« selbst sollte also auch noch gut rüberkommen und vor der Kamera sprechen können. All diese Faktoren müssen zusammenkommen, tun es aber nicht. Endlich fragt Lars bei der Kölner Kfz-Innung nach, und siehe da: Die Kölner können ihm seinen Wunschkandidaten liefern. Der Mann nennt sich Hans-Jürgen Faul, kann flüssig reden und sieht auch noch gut aus. Holger dazuzunehmen war eher eine Notlösung. Lars fand, dass er der Unterhaltsamere war, aber nicht so viel Kompetenz ausstrahlte, wie es ihm vorschwebte. Obwohl ich damals zum Casting in einem mausgrauen Kittel vor Lars' Kamera stand. Die hätte wahrscheinlich besser zu einer Hausmeistersendung gepasst … Hans-Jürgen?!

HANS-JÜRGEN: Schon gut. Wahr ist: Die Innung ruft mich an und sagt: »Hier ist jemand, der hat das und das vor, und sucht jemanden, der als Autodoktor zu seiner Idee passt. Willst du das machen?« Ich überlege. Die Idee gefällt mir, aber mich stört der Name. Autodoktor? Ein Doktor ist promoviert, was ich von mir nicht behaupten kann. »Wenn man den Namen ändert«, sage ich, »bin ich dabei. Aber nur unter einer Bedingung: Holger Parsch muss mitmachen. Ohne Holger stelle ich mich dafür nicht zur Verfügung.«

HOLGER: Danke, Hans-Jürgen. Das war nett von dir. Denn Freunde waren wir damals noch nicht, nur gute Bekannte, Kollegen, die einander schätzten, und so kam es, dass Lars eines Tages in unseren Betrieben auftauchte, sich umsah und anschließend ein Interview mit uns machte, ein Casting sozusagen. Er war damals mittendrin in einer Produktion mit dem klangvollen Namen »Wir bauen den 3-Liter-Golf«. Als Motorjournalist und gerade wegen der neuen

Serie, die er da aufgezogen hatte, war ihm Autotechnik auch nicht grundweg fremd, er wusste aber auch, wo die Schwierigkeiten bei diesem Projekt waren. Und so konfrontierte er uns damals einfach mit einem technischen Problem aus dem laufenden Projekt mit dem Golf und bat uns jetzt, vor laufender Kamera zu diesem Thema frei draufloszureden.

HANS-JÜRGEN: Und Lars muss von dem Ergebnis angetan gewesen sein. Jedenfalls sagte er zum Schluss: »Das könnte eine Serie geben.«

HOLGER: Eine Serie? Ich war skeptisch. Anderthalb Jahre zuvor hatte Kabel 1 nämlich zwei Tage lang für »Abenteuer Alltag« bei mir gedreht. Der Film war sehr erfolgreich gewesen, hatte eine Riesenquote erzielt, aber auf mich hatte das Ergebnis gestellt und künstlich gewirkt, und für derartige Filmchen war mir meine Zeit zu schade. »Schauen wir mal«, habe ich gesagt. Begeistert war ich nicht.

Unterdessen geht Lars mit unserem Interview zu VOX, und dort ist man zunächst irritiert. Ein Jahr lang haben sie beim Sender auf ein Lebenszeichen des Autodoktors gewartet, und nun kommt Lars mit gleich zwei Autodoktoren an? Aber merkwürdigerweise gefällt ihnen unser Auftritt. Und prompt probiert es Lars mit uns beiden als Duo, als Team.

HANS-JÜRGEN: So kamen die Autodoktoren in die Welt. Aber womöglich würden sie genauso plötzlich wieder daraus verschwinden, denn jetzt wurde es ernst, jetzt rückte Lars mit seinem Kamerateam an, das war die Gelegenheit für uns, doch noch alles zu vermasseln.

HOLGER: Und damit kommen wir zum ersten Drehtag. Entgegen anderslautender Gerüchte sind wir gewöhnliche Menschen und, als es losgeht, furchtbar nervös. Ich zumindest. Hans-Jürgen wirkt zugegebenermaßen bedenklich entspannt. Besser als ich ist er trotzdem nicht. Tatsache ist: Wir haben mit dieser Art des Drehens keinerlei Erfahrung. Wir können uns die Texte nicht merken. Also Lars hört sich immer an, was wir sagen wollen, und sagt dann, wie es formuliert werden muss, damit es jeder verstehen kann. Aber diese Texte bleiben einfach nicht im Kopf. Und wie sollen wir uns bewegen, damit wir nicht dem Kameramann im Weg stehen … Wo ist der Kameramann überhaupt? Ach, da steht er. Okay, die ganze Einstellung noch mal von vorn … Lars machte also Regie, hatte sein Konzept im Kopf – und das musste er dem Kameramann vermitteln, aber vor allem uns. Und zwar in jeder Einstellung –, denn wir waren halt noch ziemliche Anfänger vor der Kamera. Und wir waren uns anfangs ja auch noch nicht so nah oder vertraut. Bis kurz vor Beginn des ersten Drehs hat Lars uns noch gesiezt. Kurz und gut, alles irgendwie befremdlich, die Lampen, die Kamera, der steife Umgangston, die teilweise für uns unverständlichen Regieanweisungen von Lars – und obendrein unser Anspruch, den Fehler am Auto unbedingt zu finden … Innerlich standen mir die Haare zu Berge.

HANS-JÜRGEN: Acht Minuten Länge sollte der Film haben. Für diese acht Minuten brauchen wir zwölf Stunden Drehzeit, und als die Lampen nach dem ersten Drehtag ausgehen, bin ich wie betäubt. Mir fehlt auch jede Erinnerung daran, wie ich nach Hause gekommen bin.

HOLGER: Aha. Und ich dachte schon, dich hätte überhaupt nichts beeindrucken können. Bei mir war jedenfalls hinterher vor Aufregung an Schlaf nicht zu denken. Spaß gemacht hatte es immerhin. Aber war das Material überhaupt brauchbar? Was würde Lars sagen, nachdem er sich alles angeschaut hätte?

HANS-JÜRGEN: »Das kann man eigentlich nicht senden«, sagte er.

HOLGER: Nein, hat er nicht: Er hat das nur gedacht und uns Jahre später gesagt. Ja, wir waren ihm zu langweilig. Wir waren ihm zu verklemmt. Die Sprüche fand er auch nicht wirklich lustig – hat es aber aus irgendeinem Grund geschehen lassen. Es sollte ja auch nicht gescripted sein, wir sollten ja schon noch wir bleiben. Wir hätten uns vor der Kamera auch anders ausdrücken müssen, meinte er. Er wollte unbedingt, dass bestimmte Formulierungen auftauchten, immer mit dem Anspruch, dass es jeder verstehen kann. »Sonst wissen die meisten nicht mehr, worum es geht, wir verlieren die Zuschauer – dann ist es nicht mehr spannend, und die Leute schalten um«, so hat er es begründet, und später wurde uns klar, was er meinte. Trotzdem: Das Ergebnis der ersten Folge fand Lars wohl eher peinlich. Er hatte sich die Verwirklichung seiner tollen Idee wahrscheinlich anders vorgestellt. Trotzdem gab er den Film beim Sender ab …

HANS-JÜRGEN: … und dort fanden sie uns gut! Die wollten den Film so, wie er war, tatsächlich ausstrahlen!

HOLGER: Schlagartiger Stimmungsumschwung, wenigstens bei mir. Ich war stolz. Ich musste der ganzen Welt erzählen, dass wir im Fernsehen auftreten würden. Aber auch die bange Frage: Wird es ein Erfolg, oder fallen wir durch? Und – werden wir danach womöglich weitermachen? Interesse hätte ich schon …

Dann kam der Tag der Ausstrahlung. Im Dezember 2007. Die Sendung hieß damals noch »auto motor und sport tv«. Und hinterher stellte sich heraus: ein phänomenaler Erfolg! Auf Anhieb eine super Zuschauerquote! Und von VOX kam das Signal: Weitermachen!

HANS-JÜRGEN: Und jetzt ging's richtig los. Sechzehn Filme

sollten wir in den nächsten sechs Monaten drehen. Das bedeutete 16 Drehtage, und unser Leben war bisher schon gut ausgefüllt gewesen. Und als wir dann tatsächlich alle 16 Filme beisammenhatten, hieß es: »Wir brauchen Nachschub. Bis zum Jahresende noch einmal 16 Filme.« Und so kamen wir aus dem Stand auf 32 Filme innerhalb von zwölf Monaten!

HOLGER: Der Wahnsinn. Aber kannst du dich noch an Einzelheiten unseres ersten Drehtags erinnern, Hans-Jürgen?

HANS-JÜRGEN: Kurioserweise ja. Ich weiß, dass wir zwei Autos zur Verfügung hatten. Das eine war ein Mercedes der 124er Baureihe, und das andere war …

HOLGER: … ein Ford Puma.

HANS-JÜRGEN: Nein, ein Opel Tigra!

HOLGER: Ein Puma. Was wetten wir? Einen Kasten Bier?

HANS-JÜRGEN: Der Typ war doch ein Opel-Freak! Der war mit seiner Freundin wegen einer undichten Frontscheibe eigens aus München angereist. Nein, es war ein Tigra. Und den Tigra-Fahrer hatte Lars in einem Forum aufgegabelt. Er hatte dort das Problem mit seinem Auto geschildert und hatte um Rat gebeten. Damals kannte uns ja noch keiner, es war noch nie eine Sendung von uns ausgestrahlt worden, und so gab es natürlich auch noch keine Bewerbungen. Lars hat ihn irgendwie überzeugt, zu uns nach Köln zu kommen.

HOLGER: Na gut. Wir haben an diesem ersten Drehtag jedenfalls parallel gearbeitet, ich habe mich um den Mercedes gekümmert, und du hast den … okay, sagen wir: Tigra verarztet. Bei meinem Mercedes war Öl im Kabelstrang, wenn mich meine Erinnerung nicht täuscht.

HANS-JÜRGEN: Genau. Bei dem war die variable Nockenwellensteuerung kaputt, und durch die Hitze im Kabel wurde das Öl bis ins Steuergerät und die Lambdasonde gedrückt.

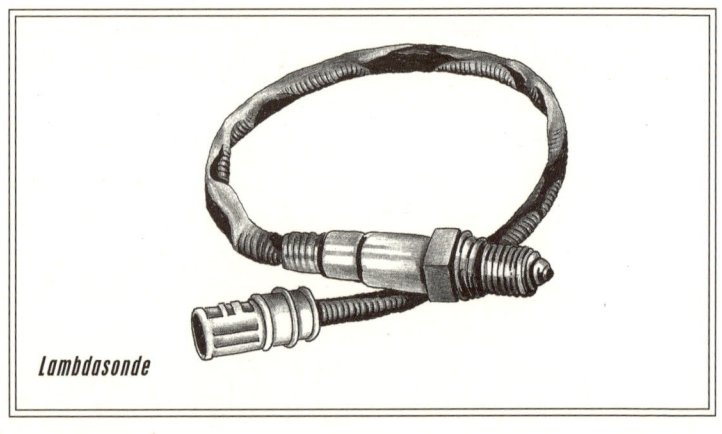

Lambdasonde

Der Mercedes war aber kein Problem, da lief alles glatt. Richtig in Bedrängnis sind wir dann mit dem Tigra geraten. Inzwischen war es nämlich spät geworden, weil ständig Einstellungen wiederholt werden mussten, und der Opelfahrer wurde nervös, weil seine Freundin am nächsten Morgen um halb sechs in München ihren Dienst als Krankenschwester antreten musste. Also – wir unter Druck, der Kunde unter Druck, und jetzt muss zu allem Überfluss auch noch die Frontscheibe raus, was wir aber nicht selbst machen können, wofür wir befreundete Autoglas-Spezialisten hinzuziehen müssen. Und alles dauert. Es dauert, bis unsere Freunde eintreffen, es dauert, bis die neue Scheibe eingeklebt ist, und nicht mal jetzt können die beiden losfahren, weil der Kitt noch trocknen muss. Also eine weitere Stunde warten.

HOLGER: In früheren Zeiten hätte er sogar zwei bis drei Stunden warten müssen. In jedem Fall kann man mit einer neuen Scheibe nicht sofort losfahren, weil sie rausfliegen würde, wenn man einen Unfall hätte und die Airbags auslösen würden. Gut, gegen 23 Uhr konnten die beiden mit ihrem Tigra dann endlich starten …

HANS-JÜRGEN: … aber für uns wurde es Mitternacht. Danach waren wir mit den Nerven am Ende. Immerhin, Lars hatten wir's gezeigt. Von wegen langweilig … Und so hat es mit den Autodoktoren angefangen. Das ist die wahre Geschichte.

13.
Hinter den Kulissen der Autodoktoren

HANS-JÜRGEN: Halten wir fest: Lars war am Anfang keineswegs von uns überzeugt.

HOLGER: Was man verstehen kann. Er musste erst mal Vertrauen fassen. Es sollte zwar Unterhaltung sein, aber im Kern musste das Ganze richtig fachliche Substanz haben. Nicht nur irgendein austauschbares Fernsehprogramm. Der Laie sollte uns mögen und die Fehlersuche spannend finden und noch was lernen dabei. Und der Fachmann sollte im Idealfall anerkennend nicken. Das ist schon eine anspruchsvolle Mischung. Woher sollte Lars wissen, dass wir nicht zu den Schaumschlägern gehören? Und als das geklärt war, hatte er weiterhin seine liebe Not mit uns.

HANS-JÜRGEN: Heute hauen wir unsere Nummern nur so raus. Drei Minuten Film am Stück, ungeschnitten – kein Problem. Wir wissen instinktiv, auf welcher Position unser Kameramann ist und zu welcher Seite wir uns drehen müssen, damit der ganze Auftritt in einer fließenden Bewegung rüberkommt. Dazu gehört auch, dass wir fast jede Folge mit Darius drehen. Also Darius König. Er ist unser Stamm-Kameramann, mit ihm ist es beim Dreh manchmal wie bei einem Tanz. Wir verstehen uns blind. Die ersten Folgen waren es noch andere Kameraleute, dann hat Lars Darius mitgebracht – und das hat von Anfang an gepasst. Aber anfangs … Ich hatte keine Ahnung, was eine

Halbtotale, was ein Zwischenschnitt, was eine amerikanische Einstellung ist – nie gehört. Und dann waren wir manchmal mit den einfachsten Szenen überfordert.

HOLGER: Ich werde nie vergessen, wie wir ein ums andere Mal die Geschichte mit der Batterie vermasselt haben. Wir sollten eine Batterie anschließen, jeder hatte zwei kurze Sätze dazu zu sagen, und kaum hatte der eine seinen Text über die Lippen gebracht, verhaspelte sich der andere. Also wieder von vorn – insgesamt 16-mal. Am Ende waren die Pole der Batterie vom ständigen Anklemmen und wieder Wegziehen regelrecht abgewetzt …

HANS-JÜRGEN: … und wir kamen uns wie die letzten Trottel vor. Was Lars immer wieder unerbittlich von uns verlangte: So zu reden, dass es jeder Laie versteht. Wir haben manchmal gar nicht mitgekriegt, wo der Unterschied lag zwischen dem, wie wir es sagten, und dem, wie wir es sagen sollten. Und er nahm die Szene nicht, ehe wir uns akribisch dran hielten. Diese Nervensäge hat uns also jedes Mal korrigiert. Mittlerweile haben wir es ziemlich verinnerlicht – und das ist auch gut so, denn wir hören immer wieder von Zuschauern: Bei euch versteht man die Erklärungen so gut.

HOLGER: Ja, peinlich. Nicht mal sprechen konnten wir … Also, wenn mir in dieser Anfangszeit jemand gesagt hätte, dass wir 13 Jahre später immer noch Filme drehen würden … Damals habe ich gedacht: Mensch, wäre es toll, mal ein ganzes Jahr lang Fernsehen zu machen! Und heute sind wir die Autodoktoren, bei aller Bescheidenheit wohl Deutschlands bekannteste Autoschrauber, und schreiben gerade ein Buch! Es ist verrückt. Und wiederum ganz normal …

HANS-JÜRGEN: Wir haben aber auch gleich richtig losgelegt, egal, wie oft eine Einstellung wiederholt werden musste. Unser Motto lautete von Anfang an: Volle Kraft voraus!

Am Samstagmorgen um sieben Uhr gingen die Dreharbeiten los, am Sonntagmorgen um zwei Uhr waren die acht Minuten für einen Film endlich im Kasten. Für zwei Autos haben wir damals 15, 16 Stunden gebraucht – Darius hat dankenswerterweise mitgezogen. Ich meine, die Kamera wiegt irgendwas zwischen elf und zwölf Kilo. Hab die mal so viele Stunden auf der Schulter. Und immer scharf, richtig belichtet und nicht selten auch künstlerisch wertvolle Einstellungen dabei – das alles unter *den* Bedingungen. Danach sind wir in die Betten gefallen, standen aber Montag früh wieder kerzengerade in der Werkstatt.

HOLGER: Im Lauf der Zeit aber haben wir uns eingegroovt …

HANS-JÜRGEN: … wir brauchen heute nicht mehr so lange. Sind allerdings am Montagmorgen leicht angeschlagen – zugegeben.

HOLGER: Und diese Prozedur wiederholt sich 30-mal im Jahr. Wobei auch unsere Fälle mit der Zeit immer komplizierter geworden sind, folglich der Anspruch an uns selbst gewachsen ist. Irgendwann mussten es fürs Fernsehen immer kompliziertere Probleme sein. Es sollten auch möglichst unterschiedliche Defekte vorliegen. Und je mehr Geld ein Kunde bis dahin für sinnlose Reparaturen aus dem Fenster geworfen hatte, desto lieber war er uns. So wuchsen wir in die Sache hinein, mit dem erfreulichen Nebeneffekt, dass Hans-Jürgen und ich die besten Freunde wurden – immer mehr Filme, immer engere Freundschaft.

HANS-JÜRGEN: Wir harmonieren ja auch vor der Kamera: Bei mir schlafen die Zuschauer ein, bei Holger wachen sie wieder auf, das passte von Anfang an. Aber im Ernst: Ich bin eben der Ruhige, Bedächtige, und Holger ist der Überschwängliche, Aufgedrehte, und diese Kombination kommt gut an. Offen gesagt: Ich allein wäre zu langweilig, und Holger allein wäre zu anstrengend.

HOLGER: Was Hans-Jürgen damit sagen will: Wir ergänzen uns perfekt – nicht nur vor der Kamera, auch dahinter, wo wir dann übrigens zu dritt sind, weil Lars uns beiden auch privat ans Herz gewachsen ist und wir drei einfach Freunde geworden sind. Irgendwann haben wir beschlossen, auch gemeinsam Urlaub zu machen. Seither fahren wir einmal im Jahr zum Skilaufen in die Berge, sitzen abends so lange zusammen, bis das letzte Glas getrunken ist, und planen dabei noch die nächsten 30 Drehtermine fürs kommende Jahr.

Das meine ich, wenn ich sage: So verrückt die ganze Sache gelaufen ist, so normal kommt uns heute unser Autodoktoren-Leben vor. Das Team ist für jeden Einzelnen von uns zur Ersatzfamilie, fast zu einer Art Schicksalsgemeinschaft geworden. Natürlich haben wir außerhalb von Film und Werkstatt auch noch ein normales Leben, aber das eine spielt ins andere hinein. Es kommt ja vor, dass uns private Konflikte belasten – trotzdem wird gedreht, und dann heulen wir zwar nicht vor laufender Kamera los, aber es kann zu sehr emotionalen Momenten kommen.

Ich erinnere mich an eine Situation vor vielen Jahren. Damals gab es bei mir ein häusliches Drama, und es war keineswegs ausgemacht, dass meine Frau und ich noch mal die Kurve kriegen würden. Ich weiß noch, wie ich zu Lars sage: »Du, ich tauge im Augenblick zu gar nichts. Ich bin dermaßen durcheinander ...« – und dann erlebe, wie viel Trost, wie viel Geborgenheit ein Team spenden kann. Kaum fangen die Dreharbeiten an, ist aller Kummer vergessen, und ich lege regelrecht befreit los. Allerdings – kaum haben sich alle verabschiedet, falle ich auch wieder in mich zusammen. Aber das Team hat mir in diesen Wochen wirklich Halt gegeben. Es ist großartig zu erleben, was alles möglich ist, wenn der Teamgeist stimmt, wie

leicht man nämlich das Gejammer in seinem Kopf aus-
schalten und ganz ins Geschehen eintauchen kann – und
wie selbstverständlich man aufgefangen wird, wenn man
hinterher wieder zusammenbricht. Damals bin ich wirklich zwischen zwei Welten gependelt, der Welt des Films
und der Welt meines häuslichen Dilemmas, gemeinhin
Realität genannt.

HANS-JÜRGEN: Wir haben für diese besondere Stimmung im
Team das Wort »Autodoktoren-Modus« geprägt, und der
funktioniert in guten wie in schlechten Zeiten. Sobald
unser Team vollzählig ist, geraten wir in diesen Zustand.
Jeder weiß, wie der andere tickt, kennt dessen Schwächen,
nimmt sie aufs Korn, darf sich aber auch darauf verlassen,
dass jeder üble Scherz heimgezahlt wird.

HOLGER: Genauso ist es. Die Kamera wird eingeschaltet, und
wir sind nicht mehr dieselben. Zeitweise geht es dann
richtig deftig zu, es geht Schlag auf Schlag, und wir hauen
uns Sachen um die Ohren, die im wirklichen Leben mit
einer Duellforderung enden würden.

HANS-JÜRGEN: Sonderbarerweise ist es mit dieser ausgelasse-
nen, aufgekratzten Existenzform im selben Augenblick
vorbei, in dem die Kamera ausgeschaltet wird. Aber es ist
wirklich so: Was wir in all den Jahren erlebt haben, hat uns
zusammengeschweißt. Wir erleben uns immer in der-
selben Konstellation, und das hat zu einer traumwandleri-
schen Sicherheit im Umgang miteinander auch während
der Dreharbeiten geführt. Wir wissen zum Beispiel oft
nicht, wo sich Darius mit der Kamera gerade aufhält, wir
können uns nicht dauernd nach ihm umgucken, aber er
weiß, wie wir uns bewegen, wie wir uns zuarbeiten, und er
folgt uns daher wie ein Schatten, ist immer genau da, wo
die Musik spielt …

HOLGER: … und weiß auch im Voraus, wann ich einen Scherz

auf Kosten meines verehrten Teamkollegen Hans-Jürgen Faul machen möchte. Wie Lars immer sagt: Für eine gute Pointe verkaufe ich meine Großmutter. Manchmal steigern wir uns auch rein. Werden ein bisschen grobschlächtig, verletzen auch mal die Grenzen des guten Geschmacks und reißen Witze, über die man eigentlich nicht lachen darf, aber wir sind halt im Autodoktoren-Modus, und solche Einlagen sind das Salz in der Suppe – da merkt auch der Zuschauer, dass es uns Spaß macht.

HANS-JÜRGEN: Der Spaß an der Sache war für uns von Anfang an der Anreiz, uns überhaupt auf die Autodoktoren einzulassen. Geld spielte eine Rolle, war aber nie unser Hauptmotiv.

Nur darf man es nicht übertreiben. Wenn man zu lange auf den Schwächen des anderen herumreitet, trübt es die Stimmung doch. Ich habe einmal die Devise ausgegeben: Lasst uns freundlicher miteinander umgehen. Seither ist es ein Running Gag: Zieht einer über den anderen her, unterbricht sich derjenige im nächsten Moment, schlägt sich an die Stirn und sagt: »Stopp, stimmt, wir wollten ja freundlicher zueinander sein ...« Großes Gelächter.

HOLGER: Außerdem streuen wir auch mal gerne Bemerkungen zum Weltgeschehen ein. Englische Autos zum Beispiel können wir unmöglich kommentarlos reparieren, da muss etwas zum Brexit-Durcheinander auf der Insel gesagt werden. Natürlich vertreten wir immer unsere persönliche Meinung – es sei denn, wir nehmen uns die Deutsche Umwelthilfe vor. In dem Fall dürften wir das aussprechen, was der Großteil der Bevölkerung über diese Leute denkt.

HANS-JÜRGEN: Und dann passierte Folgendes: Es ist noch gar nicht lange her, da kam es mir so vor, als würden unsere Filme immer trockener. Meiner Ansicht nach war uns die Lustigkeit abhandengekommen; früher hatten wir jedenfalls mehr Blödsinn gemacht. Es gab dafür einen Grund. Der technische Anspruch an die Problem-Autos in unserer Sendung war mit der Zeit dermaßen gestiegen, dass wir uns voll und ganz auf die Arbeit am Fahrzeug konzentrieren mussten. Dadurch war die Anspannung während der Dreharbeiten so hoch, dass wir uns kaum noch Eskapaden erlaubt haben. Da habe ich gesagt: »Es macht mir keinen Spaß mehr. Ich möchte, dass die Fröhlichkeit zurückkehrt.«

HOLGER: Auch eine Folge der fortschreitenden Digitalisierung – alles wird komplizierter, unanschaulicher und folglich anstrengender. Aber Hans-Jürgen hatte vollkommen recht. Damals haben wir uns gefragt: Warum tun wir uns die ganze Arbeit eigentlich an? Doch deshalb, weil wir diese großartige Mischung aus Lust an der Filmerei, Spaß an der Technik und Freundschaft lieben. Wenn dann eine Zutat plötzlich fehlt, wird's schwierig – wir sind eben verwöhnt. Gut, dass Hans-Jürgen damals den Mund aufgemacht hat. Es war nötig, uns alle ein bisschen aufzurütteln. Anschließend sind wir wieder lockerer an die Sache herangegangen. Danke für deinen Hinweis, Hans-Jürgen.

14.
Wenn's knallt, war's Holger

HOLGER: Was mir gerade auffällt, Hans-Jürgen: Autos kommen ja in vielen Filmen vor. Meistens werden sie nach einer wilden Verfolgungsjagd zu Schrott gefahren, und keiner kümmert sich mehr drum. Lars hat mit seiner tollen Idee den Spieß einfach umgedreht: Wir machen hier Filme, in denen schwächelnde Autos wieder flottgemacht werden.

HANS-JÜRGEN: Und damit es lustig bleibt, leisten wir uns zwischendurch auch mal spitze Bemerkungen zu einem Autohersteller. Das fällt bei uns unter Meinungsfreiheit, und außerdem – Spaß muss sein. Manche Hersteller fordern so einen Seitenhieb aber auch regelrecht heraus. Bei denen kann man sicher sein, einem bestimmten Fehler immer wieder zu begegnen. Alle anderen Hersteller haben das Problem im Griff, nur dieser eine nicht – jüngstes Beispiel: die Türschlösser von Audi. Jede Woche haben wir mindestens zwei Fälle dieser Art in der Werkstatt.

HOLGER: Ja, kleine Frechheiten erlauben wir uns. Ich bin aber davon überzeugt, dass die deutsche Ingenieurskunst ziemlich überwältigend ist – oder zumindest bis vor einigen Jahren war. Wir sind die Autoerfinder. Wir bauen in Deutschland sehr gute Autos. Das sieht man schon daran, dass sie von Autoherstellern in aller Welt kopiert werden. Anders sieht es aus, wenn wir die emotionale Seite in

Betracht ziehen. Da erreichen italienische Autos Spitzenwerte. Als Techniker würde ich sagen: Na ja. Eher Durchschnitt ... Aber Emotionen spielen bei Autos eine große Rolle, und eine italienische Auto isse eben eine italienische Auto. Hat einfach etwas mehr Charme in Combinazione mit Pfeffer.

Schönes Beispiel: Mein Alfa Romeo Spider, Baujahr 1972. Der hatte 131 PS. So stand es zumindest im Fahrzeugschein. In Wirklichkeit dürfte er nicht mehr als 100 PS gehabt haben, kam aber vom Fahrvergnügen her nahe an 130 PS heran, und wenn man es so genau nimmt wie ein italienischer Ingenieur, landet man bei 131 PS. Im Fahrzeugschein stand gewissermaßen die gefühlte PS-Zahl, und die ergibt sich aus der Leidenschaft des Konstrukteurs.

HANS-JÜRGEN: Ähnliches gilt für englische Autos. Der E-Type ist eine Legende. Der Aston Martin von 007 genauso. Dazu kommt die Exklusivität eines Rolls-Royce oder Bentleys. Wenn die Deutschen diesen puren Luxus sehen, denken sie: Fehlt uns ein bisschen, können wir aber auch – und bauen prompt den Maybach; für mich eine Rolls-Royce-Kopie mit Billigteilen.

HOLGER: Irgendwie ist es vielen Herstellern gelungen, traditionelle nationale Besonderheiten in die Gegenwart herüberzuretten. Ich habe aber keinen Zweifel, dass deutsche Autos technisch zum Besten gehören, was es gibt, und wir müssen es ja wissen. Schließlich ist es unser Job als Autodoktoren, ganz besonders genau hinzuschauen, schon weil wir dem Zuschauer innerhalb der Sendung zeigen wollen, wie ein Schaden aussieht und wie es dazu kommen konnte. Dann zerlegen wir womöglich ein defektes Teil komplett und sagen: »Guckt her, das ist der Grund« – und jetzt die Nahaufnahme. Die Sendung lebt doch nicht zuletzt davon, dass sich jeder mit eigenen Augen überzeugen kann: Tatsächlich, Fehler entdeckt!

Nun produzieren wir seit einigen Jahren auch YouTube-Filme. Das macht schon deshalb Spaß, weil wir uns hier so richtig entfalten können. Zum Beispiel dürfen wir auf YouTube in die Kamera gucken.

HANS-JÜRGEN: In die Kamera gucken und mit dem Zuschauer flirten, das gefällt Holger natürlich. Ich konnte mich schwer dran gewöhnen. Als Lars ganz am Anfang der Dreharbeiten fürs Fernsehen sagte: »... und ja nicht in die Kamera gucken!«, war mir das nur recht – prima, du machst einfach deinen Job weiter, die Kamera existiert für dich gar nicht. Das hat sich bei mir so eingebrannt, dass ich bei YouTube gern mal vergesse, dem Zuschauer in die Augen zu sehen.

HOLGER: Jedenfalls, YouTube ist lässiger, da gibt's spontane Komikeinlagen, da kann man sich eher die besagten kleinen Frechheiten leisten, vor allem aber: Da haben wir viel mehr Zeit zu erklären, man darf sich auch mal verspre-chen. Im Fernsehen muss es geraffter, mehr auf den Punkt sein. Auch Versprecher sind da eher verpönt. Bei YouTube können wir einfach drauflosplaudern, da wird auch ganz anders geschnitten – unkomplizierter eben alles. Und mit diesem Mehr an Zeit kann man auch eine Vorstellung von der fantastischen Raffinesse moderner Technik vermitteln. Bei uns beiden kommen ja knapp 80 Jahre Erfahrung als Werkstattleiter zusammen, das ist unser großes Plus, und außerdem sind wir neugierig geblieben – also haben wir uns gesagt: Zurück in die Schulzeit und nachholen, was unsere Physik- und Chemielehrer damals an uns versäumt haben. Das heißt: nicht nur Fehler suchen und beheben, sondern obendrein zeigen, erklären, demonstrieren und experimentieren, es – wenn nötig – knallen, brennen und rauchen lassen. Das haben wir im Fernsehen angefangen und machen es bei YouTube unkomplizierter, manchmal spontan und mit weniger Vorbereitung weiter.

HANS-JÜRGEN: Ganz nach dem Motto der Autodoktoren: Man muss sich immer wieder was einfallen lassen!

HOLGER: Damit auch die Jungs in der Berufsschule ihren Spaß haben. Unsere Filme – die aus dem Fernsehen und aus YouTube – werden ja als Unterrichtsmaterial eingesetzt, denn nicht mal dort ist es üblich, Bauteile auseinanderzunehmen. Man zerlegt in der Berufsschule normalerweise keinen Bremskraftverstärker. Als Laie sowieso nicht! Aber wir kriegen eben viele Zuschauer darüber, dass sie erstmals ein Gefühl für die Technik bekommen. Einen Eindruck von dem, was sie tagtäglich benutzen, ohne auch nur einen Schimmer davon zu haben, wie es funktioniert. Und im Werkstattalltag wiederum kommt man sowieso nicht dazu, den schwarzen Klotz vorn im Auto aufzuschrauben und seine Einzelteile in Augenschein zu nehmen. Wir hingegen, wir haben die Zeit, wir haben die Erfahrung, wir haben auch die Möglichkeiten, das geheimnisvolle Innenleben bestimmter Bauteile zu erforschen und zum Beispiel einen Bremskraftverstärker »zum Sprechen« zu bringen … Wobei das von Anfang an auch das Konzept der Filme gewesen ist: Einerseits wollte Lars die an sich schon spannende Geschichte erzählen, ob die beiden Typen in den Latzhosen die Herausforderung meistern, das jeweilige Auto, an dem sich schon so viele vergeblich abgemüht hatten, wieder zum Laufen zu bringen. Andererseits bestand er auf Versuchsaufbauten, mit denen die Technik dann auch für den Laien verständlich vermittelt und verbildlicht wird. Und wenn der Fehler gefunden ist, fragt er seit jeher: Können wir das nicht aufschneiden und gucken, was da drin kaputt ist? Aber das machen wir mittlerweile sowieso – ist ja auch für uns spannend.

HANS-JÜRGEN: Anfangs kam Lars zu jedem Film mit mindestens einer Aufgabenstellung: Wie können wir das stöchiometrische Gemisch verbildlichen? Oder: »Wie funktioniert der Luftmassenmesser oder eben der Bremskraftverstärker?« Und dann kam er immer mit irgendwelchen Vorschlägen, und ich sagte dann: Sorry – das ist nicht umsetzbar. Holger aber war dann oft derjenige, der die von Lars in die Welt gesetzte Herausforderung annahm und anfing zu basteln und zu tüfteln, um einen guten Versuchsaufbau hinzukriegen. Mittlerweile machen Lars und Holger in den meisten Fällen die Versuchsaufbauten unter sich aus – ich kann mich da nicht so reindenken. Und da ist es beeindruckend zu sehen, was da immer wieder an Versuchsmodellen auf Holgers Mist heranwächst!

HOLGER: Das ist eben auch eine Seite von mir: Ich repariere gern, aber ich tüftele und baue auch gern. Seit jeher. Für die Versuchsaufbauten sitze ich oft zu Hause im Keller und denke mir was aus und bastele mir so lange was zurecht, bis es funktioniert.

HANS-JÜRGEN: Mir fehlt dazu die Fantasie. Aber ich bin froh, dass Holger immer wieder Geistesblitze hat.

HOLGER: Wie damals, als wir vorführen wollten, wie ein Selbstzünder funktioniert. Wie üblich begann es mit stundenlangem Grübeln und Experimentieren im Keller, und plötzlich die buchstäblich zündende Idee: Ich nehme ein dünnes Aluminiumrohr und verschließe das eine Ende. Durch die Öffnung am anderen Ende führe ich eine Metallstange ein, die so genau passt, dass sie luftdicht anliegt. Dann bohre ich von oben ein Loch in diese Stange, eine kleine Höhlung von 6 Millimetern Durchmesser und 5 Millimetern Tiefe, und stopfe Stofffetzen hinein. Wenn ich dieses Rohr jetzt – offenes Ende nach unten – mit aller Kraft auf einen Tisch haue, entsteht in dem Hohlraum eine solche Hitze, dass die Stofffetzen in Brand geraten. Da sieht jeder: Wenn man Luft schlagartig komprimiert, wird sie so heiß, dass sich brennbares Material entzündet. Derselbe Vorgang spielt sich in einem Dieselmotor ab: Kraftstoff wird eingespritzt, und im nächsten Moment komprimiert der Kolben die Luft im Zylinder mit solcher Geschwindigkeit, dass sich der Kraftstoff von selbst entzündet.

HANS-JÜRGEN: Oder ein anderes Beispiel: Wir stellen vier Reifen hin und zeichnen dazwischen die Funktionsweise eines Antiblockiersystems mit Kreide auf dem Hallenboden auf. Dabei entsteht ein Riesengemälde, und der Kameramann auf seiner Leiter muss die ganze Zeit auf Zack sein, der muss in jedem Augenblick wissen: Was macht der Holger gerade, wo ist er jetzt mit seiner Kreide? Wir können ein Gemälde dieser Größenordnung ja nicht fünfmal reproduzieren.

HOLGER: Einmal haben wir einen Schaltplan direkt auf die Straße gezeichnet. Am Ende war alles bemalt, als wären da Kinder mit ihren Kreidestiften zugange gewesen.

Eines Tages – Hans-Jürgen, du erinnerst dich – standen wir vor dem Problem, folgenden Sachverhalt zu veranschaulichen: Ein moderner Motor errechnet im Millisekundentakt das ideale Verhältnis von Luft zu Kraftstoff, nämlich 14,7 Kilogramm Luft zu 1 Kilogramm Kraftstoff. Dieses sogenannte stöchiometrische Gemisch füllt im Idealfall den Brennraum. Nicht mehr Kraftstoff, nicht mehr Luft. Nur so kommt es zu einer optimalen Verbrennung, sowohl, was die Power betrifft, als auch, was die Schadstoffminimierung angeht.

HANS-JÜRGEN: Es kommt im Leben ja immer aufs Mischungsverhältnis an.

HOLGER: Hans-Jürgen! Ich bin am Erklären. So, weiter ... Abweichungen vom optimalen Gemisch in die eine oder andere Richtung ergeben entweder ein zu mageres oder aber ein zu fettes Gemisch, und nun wollten wir demonstrieren, was bei der Explosion dieser drei Gemischvarianten während des Verbrennungsvorgangs passiert – wobei wir wie immer vom Kenntnisstand des normalen Zuschauers ausgehen mussten. Wie macht man das? Wie stellt man das dar?

Also sagt Lars: Lass uns das doch ausprobieren! Und steht plötzlich mit drei riesigen Spritzen vor uns, die Tierärzte normalerweise für Pferde nutzen. Aber schon geil, weil: Wir haben mit der Spritze ja einen Kolben und einen Zylinder. Das war es, was Lars wollte. Und das reicht mir dann als Vorlage, ich schnapp mir die Spritzen und mach mich an die Bastelei. Am Ende hatten wir dann drei Spritzen mit einer Zündkerze drin, die über ein Blinkerrelais und eine Zündspule angetrieben werden. Eine wird mit magerem Gemisch (zu viel Sauerstoff) gefüllt, die nächste mit fettem Gemisch (zu viel Kraftstoff), die letzte mit stöchiometrischem Gemisch (ideales Mischungsverhältnis), und dann sieht jeder: Beim mageren und beim fetten Gemisch ist die Explosion in der Spritze eher lau. Aber beim stöchiometrischen Gemisch ist der Kolben der Spritze bestimmt 30 Meter durch Jürgens Halle geflogen.

Ähnliches haben wir auch schon mal mit Luftballons gezeigt, in die wir zu wenig, zu viel oder genau die richtige Menge an Benzin träufeln wollten. Wir nehmen also einen roten Luftballon, blasen ihn auf, geben durch einen Trichter drei Tropfen Kraftstoff hinein – und der Luftballon platzt. Das Gummi verträgt kein Benzin, die Haut ist bei billigen Luftballons zu dünn, wir brauchen einen Ballon aus strapazierfähigem Gummi ... Ja, der ist brauchbar,

111

der hält, die Versuchsanordnung steht, die Show kann beginnen.

HANS-JÜRGEN: Holger hält die Flamme vorsichtshalber weit von sich weg, bringt sie unter den Luftballon mit dem fetten Gemisch, und es knallt.

HOLGER: Eine veritable Verpuffung, mehr aber auch nicht. Vor allem aber breiten sich schwarze Qualmwolken aus. Also, das war die fette Mischung. Den Luftballon mit dem mageren Gemisch zerfetzt es sang- und klanglos, und beim stöchiometrischen Gemisch rumst es richtig – so klingt es, wenn die optimale Kraftstoff-Luft-Verbindung restlos verbrennt. Geschafft. Der Aufbau hat zwei Stunden gedauert, die Show war nach 20 Sekunden vorbei, aber – wer diesen 20 Sekunden beigewohnt hat, der wird nie mehr dumm gucken, wenn von »stöchiometrischem Gemisch« die Rede ist.

Was wir damit aber auch zeigen wollten: dass es ausgeklügelter Technik der Autobauer bedarf, das ideale Gemisch hinzukriegen. Die Umweltbedingungen ändern sich ja ständig. Bei warmen Temperaturen ist die Luft sauerstoffärmer, auch im Gebirge sinkt der Sauerstoffanteil – das ideale Gemisch muss daher immer wieder neu berechnet werden. Mopedfahrer kennen die Tücken der Umweltbedingungen von früher. Damals musste man einen Zweitakter in den Bergen mit der Hand nachjustieren, um den Kraftstoffanteil zu reduzieren, weil der Sauerstoff in den angesaugten Mengen nicht mehr ausreichte und somit das Gemisch eben nicht mehr stimmte. Ein moderner Motor macht das von sich aus, mit unfassbarer Präzision und, wie gesagt, im Millisekundentakt – absolut faszinierend.

HANS-JÜRGEN: Diese Demonstrationen machen jedenfalls viel Freude. Allerdings bereitet uns der technische Fortschritt

mit der Digitalisierung und der Umstellung auf Elektro-
fahrzeuge zunehmend Kopfschmerzen. Ein Elektrikfehler
ist sehr schwer darzustellen. Die Anschaulichkeit ist nicht
mehr gegeben, dem Auge wird nichts mehr geboten. Eine
Platine mit einer lockeren Lötstelle in die Kamera zu
halten, das ist nicht gerade der Hammer.

HOLGER: Wir versuchen es trotzdem. Und finden gelegentlich
doch anschauliche Lösungen. Wie führt man einen Kurzschluss vor? Mithilfe eines brennenden Kabelstrangs. Einer
Platine wiederum kann man immerhin beim Durchbren-
nen zuschauen, indem man sie mit hohem Strom belegt.
Wenn's aber digital wird, sieht's wirklich ziemlich finster
aus.

HANS-JÜRGEN: Einmal haben wir uns ans Thema Datenbus
gewagt. Heutige Fahrzeuge sind ja alle mit Datenbus-
Systemen ausgerüstet. Das heißt: Es gibt eine Vielzahl von
Steuergeräten, die sich über eine Ringleitung miteinander
unterhalten, und es gibt ein Zentralsteuergerät, einen
Hauptrechner, der diese Unterhaltung koordiniert. In der
Praxis sieht das so aus: Der Wagenschlüssel gibt dem Fahrzeug den Befehl: Aufschließen! Dieses Signal wird vom
Zentralsteuergerät empfangen, und das gibt es an das
zuständige Steuergerät weiter mit der Aufforderung: Ver-
arbeite dieses Signal und entriegele die Wagentür! Beim
Druck auf den Startknopf oder beim Betätigen des Fens-
terhebers passiert das Gleiche, und so sprechen sich sämtliche Steuergeräte eines Autos permanent untereinander
ab. Datenbus ist also der Begriff für die interne Kommunikation eines Fahrzeugs.

HOLGER: Genau. Vom Zentralsteuergerät gehen ständig Signale aus, doch nur dasjenige Steuergerät, das mit dem ak-
tuellen Befehl gemeint ist, versteht es auch – die anderen
verstehen nur Bahnhof und reagieren nicht. Nun haben

wir uns Folgendes einfallen lassen: Der Kopfhörer eines iPhones wird an den Hauptrechner angeschlossen, und jetzt wird ein Zirpen, Summen und Pfeifen hörbar, als würde ein Roboter in alten Science-Fiction-Filmen losquasseln. Zu verstehen ist für uns natürlich nichts, wir lauschen ja gerade der Geheimsprache der Steuergeräte, aber wenn man diesen irren Tanz der Töne hörbar macht, hat der Zuschauer immerhin etwas erlebt. Digitale Technik ist zwar weiterhin eine trockene Angelegenheit, aber auf diese Art kommt doch ein Hauch von Sinnlichkeit in die Sache.

Bei Elektroautos hört es mit der Anschaulichkeit natürlich ganz auf. Aber das ist ein anderes Thema ...

15.
Der Start der Orient-Rallye

HOLGER: Vom Allgäu in den Orient? Okay, machen wir, erzählen wir, aber vorher möchte ich noch kurz ...

HANS-JÜRGEN: Holger, unsere Orient-Rallye ist dran!

HOLGER: ... vorher möchte ich noch kurz unsere kleine Feierstunde anlässlich des 100000sten Abonnenten erwähnen. Wie wir da auf unserem kleinen Werkstatttisch aus Zündspule und Zündkerze und Zündschnüren mit ein bisschen Bohren, ein bisschen Löten, unter Zuhilfenahme von fünf Feuerwerkskörpern ein echtes Kfz-Werkstatt-Feuerwerk gebastelt haben, und wie wir dann Hans-Jürgens Halle abgedunkelt und die Zündschnur an eine Batterie angeschlossen haben, woraufhin die fünf Feuerwerkskörper einen herrlichen Funkenregen versprühten und eine wirklich festliche Stimmung verbreiteten – war das schön! Ich stand da mit meinem Gaslöschgerät und war so aufgeregt, als würden wir ein Hochhaus in die Luft sprengen wollen ...

HANS-JÜRGEN: ... leider hat der fünfte Feuerwerkskörper nicht mitgemacht.

HOLGER: Trotzdem waren alle ergriffen, selbst der Kameramann ...

HANS-JÜRGEN: ... und um doch noch die Kurve zu unserer Orient-Rallye zu kriegen: Mit ähnlich großen Gefühlen verbinden wir auch unsere Reise vom Allgäu in die Türkei.

Eine überwältigende Geschichte. Am Ende haben wir fast geheult; beim letzten Interview im Hafen von Mersin sind uns tatsächlich Tränen der Rührung runtergelaufen.

HOLGER: Wir haben in einem Puff übernachtet, wir haben in einer Höhle geschlafen, es war das Unglaublichste …

HANS-JÜRGEN: … und Anstrengendste, was wir je gemacht haben. Wie sind wir überhaupt darauf gekommen?

HOLGER: VOX hatte uns Bescheid gesagt. »Da gibt es eine Rallye von Oberstaufen nach Jordanien, 6000 Kilometer, 100 Teams, 300 Autos – fahrt doch mit, kommt mit einem Zwei-Stunden-Film zurück und leistet unterwegs ein bisschen Pannenhilfe, die Arbeit wird euch sicherlich nicht ausgehen.« Tatsächlich gingen dann in Oberstaufen lauter alte Kisten an den Start – nicht unbedingt museumsreif, auch nicht schrottreif, aber doch sichtbar in die Jahre gekommen.

Das entsprach dem Reglement. Der Veranstalter hatte einige Spaßfaktoren eingebaut. So hatte er zum Beispiel verfügt: Jedes Auto muss mindestens 25 Jahre auf dem Buckel haben, keins darf den Wert von 1111 Euro übersteigen, und außerdem: Jeder kann sich seine Route durch Südosteuropa und die Türkei selbst aussuchen, Autobahnen aber sind zu meiden, Navis dürfen in keinem Fall benutzt werden, und an Unterkünften sind nur die billigsten erlaubt – 15 Euro für die Nacht ist schon das Äußerste.

HANS-JÜRGEN: So lauteten die Spielregeln. Wenn wir teilnehmen wollten, müssten auch wir uns weitgehend daran halten. Lediglich ein paar Ausnahmen wurden für uns gemacht: Autobahn benutzen, Navi einschalten, ab und zu in einer ordentlichen Herberge absteigen – uns wäre das erlaubt. Die Grundidee des ganzen Unternehmens war: Jeder nimmt an Hilfsgütern mit, was er in seinem Auto verstauen kann, Nähmaschinen, Rollstühle, was auch immer ärmeren Schichten das Leben in Jordanien erleichtern könnte, und am Zielort in Amman würde alles unter der Schirmherrschaft des Königshauses an Bedürftige verteilt, auch die Autos. Zurück würde es mit dem Flugzeug gehen. Und jetzt die Frage: Wollten wir?

HOLGER: Hans-Jürgen – wir wollten. Wir wollten unbedingt. Es war ja abzusehen, dass das der reine Irrsinn würde. Sechs Personen pro Team, 100 Teams insgesamt, alles in allem 300 Fahrzeuge im Einsatz, ein Riesenfeld also, da würden wir wahrscheinlich kaum zum Schlafen kommen, aber jede Menge Spaß mit kaputten Autos haben. Die Autodoktoren vor ihrer größten Herausforderung! Ja, wir wollten.

Alles nahm seinen Anfang im Mai 2011 mit einer fetten Party in der Stadthalle von Oberstaufen. Drinnen Allgäuer Akkordeonmusik, also Bier und Tanz und Schwof und Festzelt-Atmosphäre, wir Verrückten mittendrin, auch Lars natürlich, auch der Kameramann, auch Assistent und Tonmann – leider Männerüberschuss, weil von den 100 Teams nur eins komplett aus Frauen bestand … und draußen die ganzen aufgedonnerten alten Karren, verkleidet, beklebt, bemalt, mit Extra-Scheinwerfern, mit Reservereifen, mit Ersatzteilen und Matratzen, ausgerüstet wie zu einer Kalahari-Expedition – von Ente und R4 bis zum angegrauten 7er-BMW. Dass in Syrien seit ein paar Monaten geschossen wurde, blendeten die meisten da noch aus.

Als die Band eine Pause einlegte, wurden wir – wie von Lars beim Veranstalter erbeten – auf die Bühne gerufen. Wir wollten den Leuten ja schließlich mitteilen, dass sie sich bei Pannen und Problemen bei uns melden sollten. Sonst hätten wir ja nichts zu drehen gehabt – und eine Reisedoku erwartete der Sender sicher auch nicht von uns.

Wir also ans Mikro. Oha, die Autodoktoren? »Ja. Wir sind das mobile Pannenkommando. Wir haben Werkzeug dabei. Hier ist unsere Telefonnummer, wer unterwegs Probleme mit seinem Auto hat, der kann sich jederzeit an uns wenden. Also – wer liegen bleibt, der ruft uns einfach an.« Tusch, und Weiterschwofen bis zum Morgengrauen.

HANS-JÜRGEN: Nein, Holger. Wir mussten sofort ran. Wir hatten noch am selben Abend unseren ersten Einsatz. Gleich kam nämlich einer angelaufen und sagte: »Ich habe einen Mercedes 190 vor der Tür stehen, der wird zu heiß.« Wir zwei raus, der Kameramann hinterher, ein Blick auf den 190er und Fehlerquelle in null Komma nichts identifiziert! Dem Fahrer war nämlich entgangen, dass er am Armaturenbrett einen Extra-Schalter für den Lüfter im Motorraum hatte. Diesen Lüfter hatte ihm der Verkäufer noch schnell eingebaut, weil es doch in die Wüste gehen sollte, dem Besitzer aber nichts davon gesagt, und jetzt brauchten wir unsere Diagnose nur noch zu überprüfen: Schalter ein, Gebläse bläst, Fahrer staunt … großes Hallo.

HOLGER: Es hatte sich nämlich sofort eine Meute um uns gebildet, alles Leute, die vor Neugier platzten, ob die Autodoktoren ihren ersten Fall auf Anhieb lösen würden. Und nicht nur das. Einige hatten die Scheinwerfer ihrer Autos eingeschaltet und auf uns gerichtet, damit wir in der Dunkelheit überhaupt filmen konnten. Es war wie Straßenzirkus, und am Ende ein Applaus, als hätte Hans-Jürgen eine Arie gesungen. Und dann kam schon der Nächste an: »Mein Mercedes stinkt nach Benzin!« Okay, aber nicht jetzt. Kümmern wir uns gleich morgen früh drum …

Am nächsten Morgen machen sich alle für den Start fertig, werden vom Veranstalter einzeln vorgestellt und begeben sich dann auf die Reise – nur wir nicht. Wir schrauben am Straßenrand unter Hochdruck an der kaputten Einspritzdüse des stinkenden Mercedes. Und jetzt kommt mal wieder der Autodoktoren-Bonus ins Spiel. Uns fehlt ein Gewindeschneider, wir haben aber schon vom Hotelzimmerfenster aus in der Ferne eine Werkstatt erspäht, fahren hin, werden erkannt – und die dortigen Kollegen schnüren uns gleich ein ganzes Hilfspaket, mit Gewindeschneider und anderen Kleinigkeiten, die unterwegs von Nutzen sein könnten. Wunderbar, diese Hilfsbereitschaft. Ob das auch in Albanien funktionieren wird?

Als wir fertig sind, haben alle anderen Oberstaufen bereits verlassen. Aber bevor wir jetzt Gas geben, Hans-Jürgen, sollten wir noch unsere eigene Flotte vorstellen.

HANS-JÜRGEN: Okay. Fangen wir mit dem Flaggschiff an, in dem wir beide, Holger und ich, sitzen. Es ist ein Mercedes 320 SE, ein voluminöses Ding, Baujahr … irgendwann in den 80er-Jahren. Aber kaum wiederzuerkennen. Wir haben ihm eine Solaranlage auf den Kofferraum gepflanzt, ein Reserverad aufs Dach geschraubt, eine Dusche mit schwenkbarem Duscharm und Duschvorhang an die Seite montiert, einen großen Wassertank aufs Dach gesetzt und andere Federn eingebaut, um den Wagen höherzulegen, damit er auch in der Wüste manövrierfähig bleibt. Außerdem haben wir eine 220-Volt-Anlage eingebaut, hinten ein Loch in die Seite gefräst und eine Steckdose reingestopft, sodass wir eine Bohrmaschine anschließen können, sollte eine gebraucht werden.

HOLGER: Aber das ist noch nicht alles. Der Benz bekam noch eine Sirene und über der Frontscheibe auf dem Dach vier kolossale Scheinwerfer verpasst. Alle auf die Fahrbahn gerichtet. Des Nachts, in Albanien zum Beispiel, haben wir diese Flutlichtanlage eingeschaltet, und da muss jeder gedacht haben, der Coca-Cola-Truck ist im Anmarsch. Übrigens – unsere Außendusche funktionierte tatsächlich.

HANS-JÜRGEN: So, das ist der fahrende Leitstand, dem die beiden Begleitfahrzeuge folgen, nämlich zwei Mercedes 230, der eine als Limousine – mit Lars und seinem Assistenten bemannt –, der andere als Kombi – abwechselnd von Kameramann und Tonmann gesteuert. Diese drei Autos verlassen jetzt Oberstaufen, um die übrigen 297 Autos einzuholen, aber wir kommen nicht weit, nach einer halben Stunde wartet die erste Sonderprüfung auf uns:

HOLGER: Wir sollen mit einem Boot das Logbuch auf einer Insel in einem See abholen. Als wir zum Bootsverleiher kommen, hat er zwar noch einen Kahn am Ufer liegen, aber keine Ruder mehr übrig. Wir müssten mit den Händen rüberpaddeln. Fällt uns nicht ein, würde auch zu lange dauern – aber was ist mit dem alten Lüftermotor, den wir hinten im Wagen haben? Wir frickeln ein paar Kabel zusammen, schließen eine Batterie an, befestigen den Lüfter als Schiffsschraube am Heck – und tuckern los. Das Motörchen muss richtig arbeiten, aber wir schaffen es bis zur Insel und halten jetzt das Logbuch mit der kompletten Reiseroute in Händen. Jetzt wissen wir, welche Strecke die anderen in etwa nehmen und wo sie im Notfall zu finden wären, wenn wir, um verlorene Zeit gutzumachen, über die ihnen verbotene Autobahn fahren wollten.

Tatsächlich entwickelte sich die ganze Fahrt zu einer einzigen Aufholjagd. Kaum hatten wir wieder Anschluss gefunden, wurden wir zur nächsten Panne gerufen, fuhren von der Autobahn ab, reparierten am Rand einer Landstraße, sahen die anderen winkend an uns vorüberziehen, sprangen nach getaner Tat wieder ins Auto, machten Dampf und holten auf der Autobahn einen kleinen Vorsprung raus, den wir durch die nächste Reparatur wieder verspielten.

So ging es die ganze Zeit. Wahnsinnig anstrengend. Manchmal waren wir sogar gezwungen, wieder umzukehren und ein Stück zurückzufahren.

HANS-JÜRGEN: Das waren ja alles vorsintflutliche Autos. Da ging ständig was kaputt. Wir sprechen hier gar nicht von Abgasnormen. Auch wir haben ja richtig Kraftstoff verblasen, und in der Türkei, wo der Sprit damals 1,85 kostete, zeigte das Zählwerk der Zapfsäule nicht selten 380 Euro an, nachdem alle drei Fahrzeuge nacheinander getankt hatten. Tanken war für Lars immer eine bittere Erfahrung. Und so, mit ständigem Hin und Her und Vor und Zurück, kamen wir über Österreich nach Slowenien.

16.
Durchs wilde Albanien

HANS-JÜRGEN: Um Zeit und Sieg ging es bei dieser Rallye eigentlich nicht – oder wie hast du das gesehen, Holger?

HOLGER: Na ja, es war kein Rennen. Man hatte sich an die Verkehrsregeln zu halten, musste den jeweiligen Zielort aber in einem festgesetzten Zeitrahmen erreichen. Nichtsdestoweniger würde der gewinnen, der als Erster in Amman eintreffen würde. Der Zeitdruck war schon spürbar. Und irgendwann haben wir gemerkt: Wir müssen uns entscheiden. Wollen wir eine Rallye gewinnen, oder wollen wir lediglich die Teilnehmer unterstützen? Der Witz dabei war: Um überhaupt Pannenhilfe leisten zu können, mussten wir dranbleiben und Gas geben wie die Verrückten, wenn wir den Anschluss nicht verlieren wollten. Zu allem Überfluss haben wir zwischendurch auch noch einem Wildfremden Erste Hilfe geleistet.

HANS-JÜRGEN: Genau, in Slowenien. Wir tanken, und wie es der Zufall will, läuft uns anschließend auf dem Rastplatz ein Mann in die Arme, dessen A8 liegen geblieben ist.

HOLGER: Und da wir überall auf der Welt bekannt sind, kennt er uns.

HANS-JÜRGEN: Wie kann man da Nein sagen? Wir verbringen ziemlich viel Zeit unter seinem Auto, bis unser Verdacht auf die Kraftstoffpumpe fällt, aber mehr können wir für ihn nicht tun. Um den Wagen auch zu reparieren, fehlen uns dort draußen die Mittel, und so belassen wir es bei ein paar Instruktionen für die Werkstatt. Da zückt der Mann beim Abschied einen 100-Euro-Schein, drückt uns den in die Hand und wünscht uns viel Spaß – besten Dank noch mal! Den Spaß hatten wir dann auch, und zwar in Kroatien, hoch über Dubrovnik.

HOLGER: Genau. Oben am Hang. Die Straße wird da von einer Mauer abgestützt, es geht steil in die Tiefe, und unten liegt die Altstadt von Dubrovnik mit dem Hafen, der Stadtmauer und dem Kastell, dahinter das Meer, die blaue Adria – ein fantastischer Anblick. Ist mir als Arbeitsplatz lieber als jede Werkstatt. Und genau dort oben, auf einem Parkplatz, steht ein Jeep Cherokee, bei dem die pneumatische Bremskraftverstärkung ausgefallen ist. Das Team hängt fest. Klar, wenn du dich hier im Küstengebirge nicht mehr auf deine Bremsen verlassen kannst, solltest du keinen Meter mehr fahren. Also gut, an die Arbeit.

Der kleine Elektromotor der Pumpe, die den Unterdruck für den Bremskraftverstärker erzeugt, ist kaputt. Wir zerlegen ihn, sehen uns die Kupferkollektoren, auf denen die Kohlen sitzen, näher an und stellen fest: Die Lötstellen sind gebrochen. Im Prinzip kein Problem; mit Lötkolben und Lötzinn lässt sich der Schaden leicht beheben – nur dass in diesem Fall alle 30 Lötstellen nachgelötet werden müssen.

Gut, löten wir eben. Eine ziemliche Fummelei, und das in der prallen Mittagssonne. Hans-Jürgen hält den Kollektor und dreht ihn immer ein Stückchen weiter, ich löte. Tut man zu viel Lötzinn drauf, verbinden sich die Lamellen, dann muss man sie mit einer kleinen Säge wieder trennen. Aber wir haben ja noch gelernt, Lichtmaschinen und Anlasser instand zu setzen, wir können löten. Trotzdem. Ich

Depp habe vergessen, mich mit Sonnenschutzmittel ein-
zucremen. Außerdem läuft mir der Schweiß in Strömen
übers Gesicht und in die Augen. Was wir hier treiben, ist
also Präzisionsarbeit unter schwierigsten Bedingungen –
jeder andere würde sagen: Habt ihr sie nicht mehr alle?
Aber einen Cherokee kriegt man nicht alle Tage serviert,
und als wir nach zwei Stunden fertig sind, ist meine linke
Körperhälfte zwar verbrannt, aber die Jungs sind von unserem Einsatz begeistert. Ohne uns wären sie aufgeschmis-
sen gewesen. Später, in der Türkei, sind wir ihnen noch
einmal begegnet. Ihre Bremse war nach wie vor in Ordnung, und wir konnten uns ein kleines Triumphgefühl
nicht verkneifen.

HANS-JÜRGEN: Leider sind wir anschließend durch Kroatien
so schnell durchgefahren, dass mir jede Erinnerung an das
Land fehlte. Drei Jahre später sagt meine Frau zu mir:
»Hans-Jürgen, lass uns Urlaub in Kroatien machen.« –
»Nö«, sage ich, »kenne ich schon.« Außerdem war ich Spa-
nien-Fan. Sie hat mich aber überredet, und seither fahren
wir regelmäßig nach Kroatien; schöner geht's nicht mehr.

HOLGER: Und schon erreichen wir Serbien, wo uns bewusst
wird, dass der Krieg gerade mal 15 Jahre vorbei ist. Ich sehe
noch deutlich eine zerstörte Brücke vor mir. Die Fahrbahn
war weggebrochen, nur die massiven Brückenpfeiler waren übrig, und in diesem Pfeiler waren überall Mörser-
einschläge zu sehen.

HANS-JÜRGEN: Und weiter, immer weiter, jetzt Vollgas Richtung Albanien. Was uns aber da erwartete … Ich bekomme
heute noch eine Gänsehaut. Das, was wir zu sehen bekamen, war fürchterlich. Man hatte uns vorher allerhand
Märchen erzählt: Fenster zulassen! Nach Möglichkeit
nicht anhalten! Rechnet mit Kinderhänden, die blitz-
schnell durchs offene Fenster kommen und sich alles

greifen, was in Reichweite ist … Obendrein war es Nacht, als wir Albanien erreichten, und die Autobahn gespenstisch. Wir hatten keinerlei Ahnung von dem Land – und wahrscheinlich waren die Schilderungen total übertrieben und garantiert auch viel zu pauschal. Aber wie das so ist: Es hat gereicht, um uns ins Bockshorn zu jagen.

Wir fahren auf einer Autobahn ohne Autos. Alle 5 Kilometer taucht eine Tankstelle auf, eine menschenleere, autofreie Tankstelle. Nirgendwo eine Menschenseele. Und immer wieder absurde Geschwindigkeitsbeschränkungen: 70 … 50 … 30 Stundenkilometer – auf einer Autobahn! Holger und ich fahren brav absolut vorschriftsmäßig vorweg, die anderen zockeln hinterher. Mit einem Mal sehen wir zwei Lichter im Rückspiegel, im nächsten Moment überholt uns einer mit hoher Geschwindigkeit, und im selben Augenblick sehen wir im eigenen Scheinwerferlicht, wie rechts von uns ein Mensch aus dem Straßengraben springt. Ein Bewaffneter, der aufgeregt mit seiner Pistole fuchtelt. Wen meint er? Den Raser oder uns? Schon sind wir an ihm vorbei, aber trotzdem – wenn er doch uns gemeint haben sollte?

HOLGER: Ein Tritt auf die Bremse, ich über Funk zu Lars: »Was mach ich jetzt? Was soll ich tun?« Und Lars: »Gib Gas! Gib Gas! Der meint nicht euch, der meinte den anderen!« – »Nee, der hat 'ne Pistole!« Ich entscheide mich dafür anzuhalten und steige aus. Lars ist nicht davon begeistert und brüllt weiter: »Steig in deine Kiste und fahr bitte weiter!« Kurze Panik, aber ich kann nicht mehr zurück, ich gehe auf den Bewaffneten zu, winke, bekunde friedliche Absichten …

HANS-JÜRGEN: Die beiden stehen sich schon fast Auge in Auge gegenüber, da schreit der Typ den Holger an: »Macht, dass ihr wegkommt!« Etwas in dieser Art jedenfalls, wir verstehen ja kein Wort, aber eins ist klar: Er meint nicht uns, er will nichts von uns.

HOLGER: Stockfinstere Nacht, kein Licht weit und breit, nur der schreiende Bewaffnete vor mir – ich bin kurz davor, mir in die Hose zu scheißen. Na denn, wieder rein ins Auto und weitergefahren. Jetzt bloß kein Vollgas geben, es soll ja nicht nach Flucht aussehen. Wir fahren, immer schön langsam, weichen toten Hunden auf der Fahrbahn aus, und auf einmal, schlagartig, ist die Autobahn zu Ende. Kein Schild, keine Absperrung, keine Warntafel, einfach Schluss mit Autobahn, aber rechter Hand, ein Stück versetzt, eine Landstraße, eher ein Feldweg, hauptsächlich an den Reifenspuren zu erkennen. Unser Navi funktioniert hier nicht, wir setzen die Reise auf gut Glück auf diesem Feldweg fort, und irgendwann, zwischen zwei und drei Uhr nachts, erreichen wir eine Ortschaft. Was sehen wir im Flutlicht unserer Dachscheinwerfer? Menschen. Menschen, die in Gruppen zusammenstehen. Das Gespenstische daran ist die Uhrzeit und dass es ohne unsere Scheinwerfer total dunkel wäre. Und immer wieder tote Hunde am Straßenrand.

Am Ortsausgang ist eine Brücke, aber die Brücke ist gesperrt. Wir steigen aus. Es ist eine Holzbrücke, teilweise eingestürzt, und weil von hinten Kinder angelaufen kommen, gibt Lars das Kommando: »Einsteigen, weiterfahren!« Ihm ist die Sache so wenig geheuer wie uns. Wahrscheinlich sind die Kids nur neugierig. Ist ja auch 'ne total ländliche Gegend. Und dann kommen plötzlich drei von diesen komischen Autos im Konvoi an, mit Scheinwerfern. Für die Kinder also ebenso ungewohnt wie für uns. Aber wir haben Glück: Neben der zerstörten Brücke führt eine Behelfsbrücke aus Holzbohlen über den Fluss, die müssen wir nehmen, was bleibt uns übrig – wir steuern sie an, es bollert, es rumpelt, wir kommen heil drüben an und fahren nun bis auf Weiteres auf einer einsamen Straße durchs Gebirge, total übermüdet, die Augen zu Schlitzen zusammengekniffen.

Nebelschwaden wehen uns entgegen. Je höher wir kommen, desto schlechter wird die Sicht. Da taucht eine kleine Tankstelle aus der Dunkelheit auf, spärlich beleuchtet, und da wir Öl nachfüllen müssen, fahren wir rechts ran. Ein Kettenhund bellt, geht auf uns los, wird von der Kette zurückgehalten, kriegt sich aber nicht mehr ein. Der Hund ist an einer Zapfsäule festgemacht. Er bewacht nicht nur das Benzin, sondern einen ganzen Berg von Ölfässern, Kanistern, Abfall und Metallteilen, der sich neben der Tankstelle aus dem Ölschlamm erhebt. Kaum sind wir fertig, erscheint in der Tür der Tankstelle der schwarze Umriss eines Menschen, vermutlich der Betreiber der Tankstelle, der drinnen geschlafen hat, und bevor es im letzten Augenblick noch zu folgenreichen Missverständnissen kommen kann, steigen wir ein und fahren los …

Kurz und gut: Das nächtliche Albanien kam uns so surreal vor wie ein Film. Seit Serbien hatten wir kein Auge mehr zugemacht. Bloß keine Rast einlegen, hatten wir uns geschworen – stur durchfahren, egal, was passiert! Okay, wenn du dermaßen übermüdet bist, siehst du zwangsläufig irgendwann kleine Männchen rumlaufen, aber auch im hellwachen Zustand hätten wahrscheinlich immer noch tote Hunde herumgelegen. Und selbst Hans-Jürgen – wirklich ein megageiler Fahrer mit einer unfassbaren Ausdauer – war inzwischen mit seinen Nerven und seinen Kräften am Ende. Deshalb atmeten wir auf, als gegen vier Uhr morgens die Grenze in Sicht kam.

HANS-JÜRGEN: Sie kündigt sich mit ein paar windschiefen Buden an. Der Albaner winkt uns durch. Zwanzig Meter weiter ist die griechische Kontrollstelle, aber die Hütte ist dunkel, vielleicht schläft der Kollege, vielleicht ist er daheim bei Frau und Kind. Nein, er schläft. Der albanische Grenzposten kommt rüber und weckt ihn, aber damit ist nicht viel gewonnen, denn der Grieche ist – nein, nicht mürrisch, er ist tatsächlich stinksauer. »Was hattet ihr in Albanien zu suchen?«, will er wissen. »Habt ihr Drogen dabei?« Lars verhandelt mit ihm, es müssen ja auch insgesamt drei Autos über die Grenze – und dann noch das ganze Equipment mit dem ganzen Zollkram, der da dranhängt. Zumindest, wenn der Zöllner es genau nimmt. Wir erklären ihm, dass wir ein Kamerateam sind. »Ihr seid Drogenschmuggler«, befindet der Grieche abschließend. »Ihr bleibt hier, bis die Drogenhunde eintreffen. Gegen sieben Uhr dürften sie kommen.«

Jetzt standen wir da.

HOLGER: Aber, Hans-Jürgen, wir hatten doch noch ein zweites Problem! Der Grieche wollte unsere Fahrzeugpapiere sehen. Er war der Erste, der danach gefragt hat, und keiner von uns hatte eine blasse Ahnung, wo sie sein könnten. Irgendwie abhandengekommen bei den ganzen Grenzübergängen. Lars ruft also bei Mitarbeitern in der Firma an – vielleicht gibt es da ja noch Kopien oder so. Aber geht natürlich keiner dran um die Uhrzeit. Also dann mit dem Team noch mal den ganzen Hergang von Beginn unserer Abfahrt an rekapituliert – es war zum Haareraufen. Uns fiel nichts ein, und dieser Grieche ließ nicht mit sich reden. Aber Moment mal ... Ich hatte die Papiere doch in die Betriebsanleitung gesteckt und die Bedienungsanleitung ins Handschuhfach ... Das Handschuhfach! Und da lagen sie. Uns fiel ein Stein vom Herzen.

HANS-JÜRGEN: Und dann gingen wir zum Überraschungsangriff über. Wir hatten Fußbälle und Kindertrikots vom

1. FC Köln dabei. Die waren eigentlich für Jordanien bestimmt, aber jetzt wurden sie dringender benötigt, und da haben wir dem Griechen den ganzen Krempel geschenkt. Der Entscheidungstreffer, denn nachdem seine Hoffnung, wir könnten Drogendealer sein, geschwunden war, fiel ihm nun keine weitere Schikane ein. Da hatte er plötzlich genug von uns und winkte uns mit ein paar deftigen griechischen Verwünschungen durch. So war's.

HOLGER: Die Bälle vom 1. FC müssen ihn besänftigt haben. Aber dieses Gefühl tiefster Enttäuschung … Du hast die ganze Nacht gezittert und das Schlimmste befürchtet, du hast den Mann mit der Knarre und das Dorf der Schlafwandler, du hast die zerstörte Brücke und die gespenstische Tankstelle hinter dich gebracht, jetzt näherst du dich freudetrunken der griechischen Grenze, du siehst schon die blaue Tafel mit dem goldenen Sternenkranz und atmest auf, weil endlich wieder Europa vor dir liegt, du bekommst warme, heimatliche Gefühle und wiegst dich schon in Sicherheit, in Geborgenheit – da stellt sich dir ein griechischer Grenzbeamter in den Weg und sagt: »Du kommst hier nicht rein, du hast Drogen dabei.« Aber ich bin doch Europäer! Nee, denkste. Das heißt hier nichts … Offen gesagt: Wir hatten noch nicht die Hälfte der Strecke hinter uns, waren aber sowohl körperlich als auch seelisch schon an unsere Grenze gekommen und ordentlich durcheinander, als wir gegen acht Uhr in einem kleinen griechischen Hotel in die Betten fielen.

17.
Hetzjagd durch die Türkei

HANS-JÜRGEN: Drei Stunden schlafen, so lautet der Beschluss. Holger und ich stellen unseren Wecker auf kurz vor elf – und das ist ein Fehler.

HOLGER: Der erste unverzeihliche Fehler, den wir uns in diesem Buch leisten. Wahrscheinlich auch der letzte.

HANS-JÜRGEN: Woran man sieht: Wir stehen zu unseren Fehlern ... Aber jetzt wird's ernst. Um elf Uhr klopfen wir an die Zimmertüren der anderen und ernten Reaktionen wie: »Seid ihr bescheuert!« oder: »Habt ihr sie noch alle!« Und dann: »Ihr Idioten habt vergessen, die Uhr umzustellen!« Auweia. In Griechenland ist es eine Stunde früher. Jetzt sind alle wach. Um die Kollegen halbwegs zu besänftigen, statten wir dem nächsten Bäcker einen Besuch ab, kaufen den halben Laden leer, verstauen alles als Proviant in unseren Autos, und um elf Uhr – jetzt nach griechischer Zeit – geht's weiter.

HOLGER: In Griechenland mussten wir zur Abwechslung unser eigenes Auto reparieren. Auf halbem Weg nach Istanbul fing der Motor zu stottern an, offenbar war ein Zünder ausgefallen, und jetzt blieb uns nichts anderes übrig, als unsere Hetzjagd zu unterbrechen. Wir hielten auf einem Rastplatz am Hang neben einem Baum voller Liebesbriefe, so groß wie Taschentücher, machten uns im Motorraum zu schaffen, und währenddessen fuhren die anderen

Teams an uns vorbei, hupend und johlend; man weiß ja inzwischen, wie erheiternd ein Missgeschick der Autodoktoren aufs Publikum wirkt.

Und danach auf dem schnellsten Weg nach Istanbul, wobei wir, wie bisher schon, mehrere Reparaturen stillschweigend übergehen.

HANS-JÜRGEN: Der türkische Grenzbeamte machte keine Schwierigkeiten, stempelte uns aber unsere Autos in den Reisepass. Das ist im Hinblick auf spätere Ereignisse wichtig zu wissen, denn jetzt konnten wir nicht mehr ausreisen, ohne dass die Autos wieder ausgetragen würden; andernfalls hätten wir sie verzollen müssen, und zwar zum Listenpreis des Neuwagens.

HOLGER: Abends Ankunft in Istanbul mit hängender Zunge, und jetzt war erst mal Party angesagt. Bisher hatte es geheißen Vollgas, Vollgas, Vollgas, aber jetzt saßen wir in einer Teppichkneipe auf Kissen am Boden zum ersten Mal gemütlich zusammen und ließen auftischen. Was waren wir fertig! Aber von einer wachsenden Heiterkeit beflügelt, bestellt Hans-Jürgen nach einer Weile für jeden ein Gläschen Altinbasch Raki, woraufhin der Kellner in seiner Weisheit vorschlägt, in diesem Fall doch gleich eine ganze Flasche zu nehmen. Unsere Antwort: »Na klar.«

Ob das eine gute Idee war? Wir überlassen die Entscheidung unseren Lesern. Jedenfalls haben wir die Flasche zügig geleert, und Hans-Jürgen – das muss man ihm lassen – macht zum Schluss beim Aufstehen noch eine halbwegs gute Figur. Ich hingegen komme mir wie ausgeschaltet vor. Ich will mich Hans-Jürgen anschließen, rempele die Tischplatte an, und da rutscht alles herunter, Teller, Schalen, Gläser, alles kullert über den Boden, es ist ein turbulenter Abgang, aber was soll ich sagen – er ist mir nicht mal peinlich. Es folgt eine unruhige Nacht …

HANS-JÜRGEN: ... und ein großartiger nächster Tag. In Istanbul gab es für alle ein Wiedersehen, und wir hatten auf dem Sammelplatz unseren eigenen Stand.

HOLGER: Ja, es war unglaublich. Alle 300 Teilnehmer trafen sich auf dem Gelände zwischen Blauer Moschee und Hagia Sophia, der ganze Platz war voll mit wüst aufgemöbelten alten Karren, und mittendrin, im eilig aufgestellten Pavillon, auf den das Team noch schnell ein Schild mit unserem Logo geklebt hat, die erste Autodoktoren-Werkstatt auf türkischem Boden! Irgendein türkischer Politiker, den wir nicht kannten, begrüßte den gesamten Tross. Und dann ging's los.

Wir hatten wieder bekannt machen lassen: Wer ein Problem hat, der soll kommen – und die Schlange vor unserem Zelt nahm kein Ende. Wir sind im Schnelldurchgang, unter Hochdruck, von einem Auto zum anderen gesprungen, wir waren im Reparaturfieber, wir waren in unserem Element – was gibt es Schöneres als diese endlose Reihe von störrischen Kisten, die aus dem letzten Loch pfeifen, blubbern, rasseln und quietschen? Wir haben, kurz gesagt, Notfallchirurgie gemacht – »Ja, hier ist eine Magnetkupplung kaputt, aber scheißegal, man braucht gar keine Magnetkupplung, eine fette Schraube von links und eine von rechts tut's auch ... Starte mal! – Na bitte, läuft doch! Wunderbar – der Nächste bitte!« –, da ruft plötzlich der Muezzin.

Ich halte inne. Ich blicke auf. Es wird still um mich her, und jetzt höre ich nur noch diese Stimme von der Blauen Moschee, die aus den Weiten des Weltalls zu kommen scheint, und dann setzt ein zweiter Muezzin von einer anderen Moschee ein. Für mich hört es sich an wie ein Duett der Muezzins, und mir laufen die Tränen, ich denke: Mein Gott, was darfst du auf dieser Reise alles erleben ...! Istanbul ist eine moderne Stadt, aber mit einem Schlag ist die Gegenwart wie weggefegt, und die Tradition, der alte Orient verschafft sich Gehör. Hans-Jürgen und ich, wir gucken uns an, und wenn ich Wasser in den Augen habe, geht's bei ihm auch los. Dann verstummen die beiden Muezzins, die Realität hat uns wieder, und der Trubel geht weiter.

HANS-JÜRGEN: An diesem Tag haben wir zwischendurch Dosenfutter zu uns genommen. Es gab nichts zu essen, also haben wir den Bunsenbrenner angemacht und eine Ravioli-Dose aufgewärmt – schmeckte eklig, aber im Schatten der Blauen Moschee vor einem Gaskocher sitzen und Ravioli löffeln, das hatte auch seinen Reiz. »Die schmecken doch gar nicht so schlecht …« – »Hast recht, Holger. Die sind eigentlich ganz genießbar.«
Unvergesslich.

HOLGER: Leider müssen wir weiter. Der nächste Treffpunkt heißt Ankara, und jetzt stellen wir fest: Die Türkei ist schon eine andere Welt. War in Istanbul noch Europa spürbar, konnte man das jetzt kaum noch behaupten. In Ankara treffen sich alle auf einem ausgedienten Flugplatz, und jetzt sickert durch: Mit Jordanien könnte es schwierig werden. In Syrien haben sich die Schießereien zu einem regelrechten Krieg ausgeweitet, da werden wir nicht durchkommen, aber der Veranstalter versucht, Boote zu organisieren, mit denen wir über Zypern nach Israel fahren können. Allerdings könnten die Israelis uns Schwierigkeiten machen. Einen Versuch ist es nichtsdestoweniger wert … Also, noch besteht Hoffnung.

HANS-JÜRGEN: Wahr ist, dass das ganze Unternehmen von jetzt an in der Luft hängt. Aber das interessiert noch keinen. Viel wichtiger ist, einen 124er-Mercedes-T-Modell wieder flottzumachen, bei dem die Hinterachse ausgerissen ist. Genauer gesagt: die Halterung, mit der die Hinterachse an der Karosserie befestigt ist. Die ist an einem der beiden Fixpunkte rausgebrochen. Stundenlang liegen wir unter diesem Auto und versuchen mit 12 Volt, die Achse wieder anzuschweißen – vergeblich. Mittlerweile ist es stockfinstere Nacht.

HOLGER: Was habe ich gemacht? Ich bin rumgelaufen und habe die einzelnen Teams gefragt: »Hat jemand eine lange Schraube?« Die waren alle noch wach, irgendwo weiter hinten legten Bekloppte sogar mit ihrem Auto einen Burnout hin, und endlich treffe ich auf einen, der sein Reserverad mit genau so einer Schraube, wie ich sie brauche, aufs Dach montiert hat. »Kann ich die haben?« – »Ja, kannste haben.« Und dann haben wir im Scheinwerferlicht der umstehenden Autos ein Loch durch die Karosserie in die Hinterachse gebohrt und beides mit dieser schönen Schraube zusammengeschraubt, vor großem Publikum, versteht sich. Bei der Probefahrt zeigte sich dann: Besonders fest sitzt die Achse nicht, sie fühlt sich etwas schwammig an, und weil sie nicht mehr gummigelagert ist, werden auch keine Vibrationen mehr absorbiert – aber das Team kann damit weiterfahren.

HANS-JÜRGEN: Und, Holger, nicht zu vergessen: der kaputte Auspuff. Diesem Team haben wir mit Schlauchschellen und aufgeschnittenen Bierdosen einen neuen Auspuff gebastelt, aber die Bierdosen mussten ja erst mal geleert werden, und als der Auspuff fertig war, waren die Bierdosen auch leer.

HOLGER: Und weiter ging's. Bisher hatten wir keinen Tag Ruhe gehabt, aber jetzt wurde es zum ersten Mal gemütlich, und zwar in Göreme, das jeder zumindest von den Tourismus-Werbeplakaten kennt: eine bizarre Landschaft aus spitzen, ausgehölten Felskegeln. Hier gab es Höhlenhotels, eines davon, Spelunke geheißen, haben wir bezogen, und es war wunderschön – jedes Höhlen-Hotelzimmer mit Dusche und lauter Spiegeln an den Felswänden. Abends haben die Jungs einträchtig vor ihrer Höhle gesessen und Bier getrunken, und morgens rief sich in aller Frühe der Muezzin wieder in Erinnerung. Man hört diese Stimme im Schlaf, und im ersten Augenblick fragt man sich, wo man ist, aber dann dämmert es einem – ach ja, Türkei, Muezzin, du bist doch auf der Reise –, und wieder stellt sich dieses Glücksgefühl ein, etwas Außergewöhnliches erleben zu dürfen …

HANS-JÜRGEN: Eigentlich sollten wir auch dem Leser hier eine Ruhepause gönnen.

HOLGER: Hans-Jürgen, wie stellst du dir das bitte vor?

HANS-JÜRGEN: Vielleicht Fuß vom Gas nehmen und im Spazierfahrtmodus durch diese atemberaubende Landschaft fahren. Unser nächstes Ziel ist die Hafenstadt Mersin am Mittelmeer, aber vorher, in den Ortschaften, hängen in den Metzgereien die abgezogenen Körper der geschlachteten Tiere offen rum, und auf der Landstraße bleiben wir einmal in einer riesigen Schafherde stecken. Dann wird es kälter, und vor uns liegt das Taurusgebirge, wo die 3000er in den Himmel ragen …

HOLGER: … und genau da will ich auch hin, weil Lars hier ein Problem kriegt: Das Fenster seines Autos auf der Fahrerseite klemmt, das hängt auf halb sieben und lässt sich nicht mehr hochfahren. Jetzt ist sowieso eine Zwangspause angesagt. Nicht nur, weil wir am Straßenrand reparieren müssen, sondern auch, weil wir zum Tee eingeladen werden. Aber der Reihe nach.

Wir bemerken sie natürlich gleich, die drei Männer, die auf Steinen ums Feuer sitzen. Weiter oben muss ein Dorf sein, man sieht die ersten Hütten, man sieht später auch Frauen, die große Brennholzbündel auf dem Rücken tragen und im Gänsemarsch den Weg nach oben einschlagen, die ganze Szenerie grau in grau. Eine sehr fremde Wirklichkeit, aber zunächst gehen wir auf die winkenden Männer nicht ein, wir sind ja mit Reparieren beschäftigt. Na ja, reparieren ist gut … Wir ziehen die Türverkleidung ab und schweißen den Fensterheber einfach fest. Wir nehmen eine 12-Volt-Batterie und zwei Überbrückungskabel, schließen sie an der Batterie an, klemmen auf dem anderen Ende der Plusleitung einen Nagel ein, und los geht's: Wenn man nun das schwarze Kabel auf Masse legt und mit dem im roten Kabel eingeklemmten Nagel an die zu schweißende Stelle hält, entsteht ein Kurzschluss, und der Nagel funktioniert wie eine Elektrode. Dann brutzelt es, dann entsteht ein Lichtbogen, mit dem man tatsächlich schweißen kann – so eine kleine Batterie hat nämlich einen ordentlichen Wumms.

Unterdessen haben die Männer am Feuer ihre Einladung mehrfach wiederholt, und als wir fertig sind, gehen wir rüber und setzen uns dazu. Sie schenken uns Tee in Blechtassen ein. Einer der Männer spricht Deutsch. Wir erfahren, dass er in Duisburg gelebt hat, aber für irgendeine Schandtat aus Deutschland ausgewiesen worden war, nachdem er zehn Jahre im Gefängnis gesessen hatte. Er gibt das freimütig zu, er bedauert seine Tat, und dann kommt heraus: Er hatte einen Menschen getötet. »Die Deutschen haben mich rausgeschmissen, das war auch richtig so, und seither lebe ich hier in den Bergen.« Uns fröstelt etwas, aber der Tee tut gut, und um uns zu revanchieren, schenken wir einem kleinen Jungen unseren letzten FC-Köln-Fußball – er weiß aber nichts damit anzufangen, vielleicht ist Fußball hier nicht so populär. Dann stehen wir auf, bedanken uns, verabschieden uns und fahren weiter Richtung Mittelmeer. Wirklich, eine sehr fremde Welt.

18.
Bitteres Ende der Orient-Rallye

HOLGER: Jetzt wird es spannend. Wir erreichen die Hafenstadt Mersin. Es ist der zehnte Tag unserer Reise, und noch wissen wir nicht, wie es weitergeht, ob es überhaupt weitergeht. Die Israelis werden uns auf keinen Fall ins Land lassen, die weigern sich strikt, so viel steht fest. Jetzt erfahren wir, dass es einen neuen Plan geben soll: Mit Fähren soll es nach Ägypten und von dort aus durch den Sinai nach Jordanien weitergehen. Bislang ist das aber nicht mehr als ein Gerücht, und so beziehen wir erst mal unser Hotel.

Dieses Hotel entpuppt sich als ein Puff. Oder zumindest als Hotel, das zur Kontaktanbahnung und auch für den Vollzug genutzt wird. In der Rezeption stehen Sofas, und auf den Sofas sitzt eine größere Anzahl hübscher, junger Frauen, unbeteiligt und wie zufällig, sie unterhalten sich miteinander, und zunächst denken wir uns nichts dabei. Dann beobachten wir, wie einzelne Männer hereinkommen und über die Treppe nach oben verschwinden, woraufhin jeweils eine der jungen Frauen ihnen mit dem Zimmerschlüssel in der Hand folgt. Na ja, was soll's, wir fühlen uns bei dem sonnigen Wetter und dem leckeren Essen in Mersin wohl und werden auch die bevorstehenden zwei oder drei Nächte in einem Puff überleben.

HANS-JÜRGEN: Inzwischen telefoniert Lars mit dem Auswärtigen Amt in Berlin, und das rät dringend von der Einreise in Ägypten ab: »Da hat es gerade Anschläge auf koptische Kirchen gegeben ...« Sollen wir unter diesen Umständen unsere Autos überhaupt verschiffen, vorausgesetzt, der Veranstalter kann überhaupt Schiffe auftreiben? Wir schieben die Entscheidung auf, weil die Lage immer noch unübersichtlich ist.

Am nächsten Morgen melden sich die Leute vom Cherokee-Team bei uns im Hotel: Diesmal haben sie Batterie-Probleme. Der Generator des einen Jeeps ist ausgefallen. Es ist unsere letzte Reparatur auf dieser Reise, und auch diesmal können wir nur eine Behelfslösung anbieten: Sie kriegen unsere vollgeladene Ersatzbatterie, und einer der anderen Jeeps übernimmt die leere Batterie des betroffenen Cherokees, um sie unterwegs aufzuladen. Wenn sie die Batterien ständig wechseln, dürften sie auch mit defektem Generator bis Jordanien kommen – »Aber keine Lüftung und kein Radio einschalten!«

HOLGER: Den Rest dieses Tages verbringen wir im Hafen. Die Sonne brennt, das Warten zerrt an den Nerven, nichts tut sich, und irgendwann entscheiden wir uns, die Sache hier und jetzt abzubrechen. Die Risiken erscheinen uns unkalkulierbar, wir ziehen uns lieber zurück, bevor wir in einen regelrechten Schlamassel reingezogen werden, und wie sich später herausstellen wird, ist dies eine weise Entscheidung. Also, wir werden von hier aus zurückfliegen. Und was geschieht mit unseren Autos? Lars schlägt vor, sie zu verschenken. Es finden sich auch Abnehmer unter den anderen, genauso entnervten Teilnehmern, die Autos wären wir also los, und jetzt muss nur noch ein letztes Problem gelöst werden: Die Fahrgestellnummern unserer Autos müssen aus Hans-Jürgens Pass ausgetragen und in den Pass des neuen Besitzers eingestempelt werden –

und zwar zügig, unser Rückflug von Antalya aus ist schon gebucht.

HANS-JÜRGEN: Tja, leichter gesagt als getan. Wir sind fast wahnsinnig geworden. Eigentlich soll das Übertragen in dem großen Zollgebäude stattfinden, wo alle Teams auf ihren Stempel warten und ein ziemliches Durcheinander herrscht. Ich gebe also meinen Pass ab, und dann – passiert nichts mehr. Der Pass ist hinter irgendeiner Tür verschwunden und kommt und kommt nicht zurück.

HOLGER: Hans-Jürgen war meganervös.

HANS-JÜRGEN: Für mich gibt es nichts Schlimmeres, als wenn ich im Ausland meinen Pass aus der Hand geben muss. Das Ding ist einfach weg, ich finde keinen Ansprechpartner. Horror. Unser Dolmetscher ist untergetaucht, ich laufe von einem Zollfritzen zum anderen, aber niemand von dem ganzen türkischen Personal fühlt sich zuständig – eine ekelhafte Situation, schon gerade in Anbetracht der allgemeinen Anspannung. Da kommt plötzlich ein Zollbeamter auf uns zu: »Kommt mit. Ich weiß, wo ihr eure Stempel kriegt.« Mir fällt ein Stein vom Herzen. Irgendwie fördert er meinen Pass wieder zutage, und wir fahren zusammen durch den halben Hafen – der Typ, der unsere Autos übernimmt, ist auch dabei.

Wir steigen aus, wir kommen in ein klimatisiertes Büro und werden von einem arroganten Kerl, Typ Pascha, in lamettabehängter Uniform hinter einem riesigen Schreibtisch in Empfang genommen. Wobei von Empfang keine Rede sein kann. Seine genervte Miene sagt alles: Was wollte ihr hier? Mich belästigen …? Auch das noch, und jede Minute sollen die erhofften Schiffe in den Hafen einlaufen … Aber der Mann begreift die Sachlage, knallt seinen Stempel in unsere Pässe, und wir haben die Autos endlich definitiv vom Hals. Jetzt schnell zurück in den

Hafen zu den anderen, die finalen Filmbilder drehen und Abschied nehmen.

Letzte Amtshandlung in Mersin: ein Abschlussinterview mit uns. Unser Wort zum Sonntag gewissermaßen. Etwas Zusammenfassendes und Definitives, ein Schlusswort … Die Kamera läuft, der Redaktionskollege von Lars fragt uns nach unseren Eindrücken, unseren Erfahrungen, und da ist es mit meiner Selbstbeherrschung vorbei. Schon beim ersten Satz schießen mir die Tränen in die Augen, ich weiß gar nicht, wie mir geschieht, aber jetzt stehe ich da und stammele und schluchze und suche nach Worten.

HOLGER: Die Frage war, was diese Reise für uns bedeutet. Da rasseln dir dann alle Erlebnisse der letzten zwölf Tage noch einmal durch den Kopf, alle schön, alle anstrengend, alle einmalig, doch jetzt ist Schluss, das große Abenteuer ist zu Ende, und die Gefühle überwältigen dich – klar, dass ich genauso vor Rührung geweint habe wie Hans-Jürgen. Ja, und das war's.

HANS-JÜRGEN: War's noch nicht, Holger. Dass wir das Flugzeug in Antalya nur mit Ach und Krach erreicht haben, brauchen wir vielleicht nicht zu erwähnen, aber – für die anderen ging das Abenteuer ja weiter.

HOLGER: Gut. Hier also der Ausgang des Unternehmens, soweit wir das Drama aus der Ferne verfolgt haben. Abends liefen drei Fähren in den Hafen ein, nahmen sämtliche Autos an Bord und machten sich gegen drei Uhr morgens auf den Weg nach Nordzypern. Wie es aussah, waren das also gar keine Hochseeschiffe, sie ähnelten eher alten Flussfähren, wie sie auf dem Rhein oder der Donau verkehren, und hatten auf offenem Meer entsprechend zu kämpfen.

HANS-JÜRGEN: Ein Teilnehmer schrieb: »Treibholz schwimmt schneller, als diese Fähren fahren.«

HOLGER: Nach einer Rundreise durch Nordzypern sollte es dann mit denselben Schiffen ins ägyptische Port Said weitergehen, aber dort sind sie nie angekommen. Die Ägypter haben sie nicht reingelassen. Also mussten alle wieder umdrehen. Nach Tagen an Bord, mit 200 Mann auf jedem Schiff, kaum noch was zu essen, kaum noch was zu trinken, kein Wasser mehr für die wenigen Toiletten, mussten sie umkehren. Angeblich hat die Crew sogar ihre letzten Lebensmittel mit den Passagieren geteilt. Und endlich zurück in der Türkei, bekamen alle ihre Schrottkisten wieder.

HANS-JÜRGEN: Eine Odyssee. Ein kleiner Teil der Rallye-Autos fand übrigens auf eigener Achse seinen Weg zurück nach Deutschland, darunter auch der Mercedes von Holger und mir, aber – in welchem Zustand kam unser Flaggschiff in Köln an! Die Dusche abgerissen, die Lampen abmontiert, die Solarpaneele runtergerissen, alles angeblich während der gescheiterten Überfahrt auf der Fähre geplündert – hey, das können wir brauchen, das reißen wir uns unter den Nagel … Aber egal. Wenn ich zusammenfassen soll: Wir sind viele Stunden Auto gefahren. Wir haben viele Stunden unter Autos gelegen. Wir mussten immer wieder Zeit aufholen. Von gründlichem Ausruhen konnte zu keinem Zeitpunkt die Rede sein. Selbst abends haben wir noch bis zur letzten Minute geschraubt, dann die Augen zugemacht, und am nächsten Morgen ging's weiter …

HOLGER: … wir haben, kurz gesagt, geackert wie die Bekloppten, und heute würde ich mich auf ein derartiges Unternehmen nicht mehr einlassen. Aber es war eine großartige Erfahrung, und es hat uns als Team und als Freunde zusammengeschweißt.

19.
Wer zweimal kauft, kauft öfter

HOLGER: Und nun zurück in die Werkstatt. In Gedanken bleiben wir allerdings noch eine Weile im Ausland, denn die Produkte, die uns jetzt interessieren, kommen vielfach aus den Weiten des ostasiatischen Raums.

HANS-JÜRGEN: Und sie kommen meistens übers Internet zu uns. Es sind Autoteile jeder Art, es sind aber auch Werkzeuge, wie sie im Alltagsbetrieb einer Kfz-Werkstatt eingesetzt werden, und das Faszinierende daran ist: Man bekommt sie manchmal sogar fast geschenkt. Alles, was das Herz auf diesem Gebiet begehrt, lässt sich im Netz finden und bestellen – zu einem Bruchteil des Preises, den hiesige Hersteller verlangen. Ja, da greift doch jeder vernünftige Mensch zu!

HOLGER: Und um es gleich vorwegzunehmen: Es gibt auch viele seriöse Anbieter im Netz, überhaupt keine Frage. Aber eben auch nicht so seriöse. Ich habe einmal bei einem wohl eher nicht so seriösen Angebot zugegriffen. Das kam so: Ich brauchte ein Spezialwerkzeug, um beim Mini die Steuerzeiten einzustellen. Wenn die nicht hundertprozentig stimmen, läuft der Motor unrund oder geht sogar kaputt, folglich braucht man so was. Das Originalwerkzeug hätte mich 360 Euro gekostet, aber mein Sohn hatte eine bessere Idee. »360 Euro?«, sagte er. »Guck mal hier, Papa, beim allseits bekannten Online-Auktionshaus

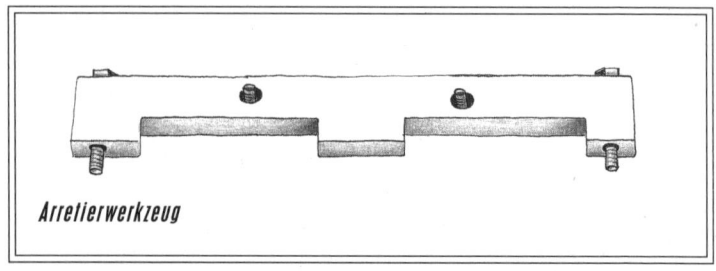

Arretierwerkzeug

kriegst du dieses Ding für 32 Euro.« – »Das taugt doch nichts.« – »Aber überleg mal – 32 statt 360 Euro!« Ich habe mich breitschlagen lassen und dieses Billigteil gekauft, schon aus Neugier.

Nun muss man wissen: Bei Fahrzeugen müssen die Steuerzeiten eingestellt werden, damit die Stellung der Kurbelwelle zur Nockenwelle stimmt. Über die Nockenwelle wird das Ventil gesteuert – sollten Kurbelwelle und Nockenwelle aber nicht absolut exakt aufeinander abgestimmt sein, kann es passieren, dass sich das Ventil im Zylinderkopf beim Einlass oder Auslass nicht schließt und der Kolben aufs Ventil schlägt.

Um die exakte Abstimmung der Steuerzeiten zu gewährleisten, gibt es besagtes Spezialwerkzeug. Es hat die Form einer Brücke. Wenn man es aufklemmt oder aufschraubt, kann man beide Nockenwellen fixieren und anschließend die Kurbelwelle einstellen. Sobald man diese Teile auf mechanischem Weg in die vorgeschriebene Position zueinander gebracht hat, wird der Zahnriemen aufgelegt oder die Steuerkette montiert, und jetzt kann man sicher sein, dass sich die Kurbelwelle im richtigen Rhythmus zum genau richtigen Zündzeitpunkt dreht. Falls die Nockenwelle auch nur um einen Zahn verrutscht, kann es zum Kapitalschaden kommen, und der Wagen läuft gar nicht mehr.

Hier geht es also um Millimeter. Die Nockenwelle muss so blockiert werden, dass sie keinerlei Spiel mehr hat. Jetzt setze ich meine Neuerwerbung aus dem Internet an, und siehe da, die Nockenwelle lässt sich hin- und herbewegen. Sie hat Spiel, sie kann um mindestens einen Zahn in diese oder jene Richtung verrutschen. Und das soll ein Präzisionswerkzeug sein? Es ist völlig unbrauchbar, es ist Schrott. Ich reklamiere also bei der Firma, die mir dieses Teil geliefert hat – »Was ist denn das für ein Müll?« –, sie versprechen mir, ein neues zu schicken, und was soll ich sagen? Als es eintrifft, stelle ich fest: Das neue ist noch schlimmer. Es passt hinten und vorne nicht.

HANS-JÜRGEN: Das muss man sich mal vorstellen: Die Firma schickt diese Teile unbesehen raus. Ungeprüft. Sie verkauft Pfusch und merkt es nicht.

HOLGER: Das sind eben Handelsfirmen, Hans-Jürgen, die in China einkaufen und das Zeug hier in den Versand bringen. Sie zahlen 20 Euro dafür, schlagen noch mal 10 Euro drauf, und wer sich vom Preis beeindrucken lässt, erhält unbrauchbaren Schrott. Ich habe diese Teile nicht einmal zurückgeschickt, ich habe sie weggeworfen. Damit sind 32 Euro plus Versand gleich in die Tonne gewandert. Diese Handelsfirma hat natürlich überhaupt keine Ahnung, nur – wenn sie keine Ahnung hat, sollte sie eigentlich die Finger davonlassen. Hätte ich den Mini-Motor damit eingestellt, wäre er hinüber gewesen oder gar nicht erst angesprungen.

HANS-JÜRGEN: Es gibt aber Werkstätten, die mit solchen Billiggeräten tatsächlich arbeiten. Das Ergebnis liegt dann auf der Hand: Hinterher läuft der Wagen trotzdem nicht – und jetzt geht das Rummurksen los. Hier wird geschraubt, dort wird geschraubt, dies wird ausgetauscht, jenes wird erneuert, am Ende landet der Wagen bei uns, und wir

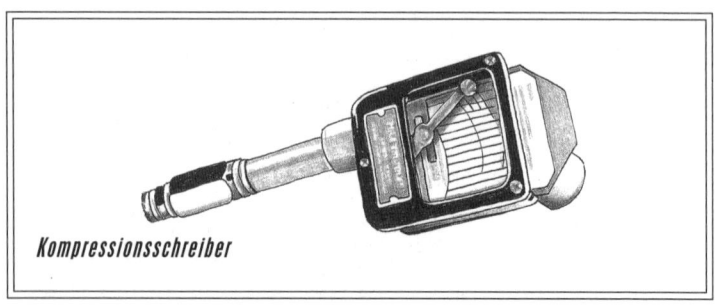

Kompressionsschreiber

denken dann: Will man uns verarschen? Der Fehler ist doch eindeutig, die Steuerzeiten stimmen einfach nicht!

HOLGER: Apropos rummurksen: Neulich hatte ich einen Audi mit einer endlosen Mängelliste bei mir in der Werkstatt. Der Motor lief nicht rund, die Kupplung machte Probleme, und, und, und ... Bis dahin war an dem Auto schon ein Riesenaufwand betrieben worden – man hatte die Kompression gemessen, man hatte einen Druckverlusttest gemacht, man hatte sich die ausgefallensten Sachen einfallen lassen. Ich sage also zu meinem Gesellen: »Wir fahren mit dem Wagen zusammen raus und gucken, was da alles zusammenkommt. Es dürfte eine Menge sein, und womöglich verliert der Kunde dann jedes Interesse an einer Reparatur.« Wir fahren also los, und nach den ersten fünf Metern merke ich: Die Zündspulen sind kaputt. Das ist alles, da gibt's gar kein Vertun. Ich gucke meinen Gesellen an und sage nur: »Wo bitte ist hier die versteckte Kamera?«

Um aber wieder sachlich zu werden: Viele Reparaturgeschichten folgen demselben Muster. Es kommt in der Werkstatt ein Werkzeug zum Superbilligpreis zum Einsatz, oder es wird ein Ersatzteil der gleichen Güteklasse eingebaut, jetzt ist das Fahrzeug also repariert, der Fehler ist aber komischerweise trotzdem nicht behoben, und dann geht eine sinnlose Bastelei los.

HANS-JÜRGEN: Das ist der Grund, warum wir in unseren Filmen auf YouTube den Programmpunkt »Wer zweimal kauft, kauft öfters« eingeführt haben. Die Formulierung ist natürlich etwas überdreht ausgefallen, aber es weiß ja jeder, dass es hier um die Erfahrungen mit Billigteilen geht. Wir zeigen bei dieser Gelegenheit ein oder zwei Bauteile von sehr beschränkter Qualität und Lebensdauer, und oft schicken uns Zuschauer dann neues Anschauungsmaterial aus ihren eigenen Beständen.

HOLGER: Ich habe bei mir eine ganze Wand aus Kartons voller unbrauchbarer Billigteile. Wir kommen gar nicht so schnell nach, wie diese Importe auf dem Markt auftauchen. Es muss echt unfassbar viele Fälscherwerkstätten geben.

HANS-JÜRGEN: Um einmal ein paar Beispiele zu nennen … Es gibt LED-Lampen zu kaufen, die normale Scheinwerfer-Glühlampen ersetzen sollen. Denen sieht man von außen nichts an. Aber wenn man sie einsetzt und die Scheinwerfer anschaltet, stellt man fest: Man hätte vorne auch zwei Teelichter reinstellen können.

HOLGER: Nächstes Beispiel: Zündkerzen, die normalerweise 18 Euro kosten, bekommt man schon für 1 Euro. Die halten ein paar Monate und brennen dann durch. Das Verrückte ist: Kein Mensch weiß, wo sie herkommen, aber es steht groß und deutlich Bosch drauf. Weiß Bosch überhaupt davon? Wir haben dort angerufen und gesagt: »Prüft mal, ob das ein Fake ist oder ob ihr bei euch ein Produktionsproblem habt.«
Es macht uns also nicht nur viel Freude, Imitate zu entlarven, wir kümmern uns auch ein wenig um die Hintergründe und setzen uns mit betroffenen Herstellern in Verbindung. Die schrecken dann manchmal regelrecht auf wie im folgenden Fall: Ein Zuschauer schickt uns einen Zahnriemen, der nach wenigen Tausend Kilometern

seinen Geist aufgegeben hat. Tatsächlich, der wäre beinahe auseinandergeflogen, da sind schon die Zähne weggerissen. Fake oder nicht ist hier die Frage, denn der Aufschrift nach handelt es sich um einen namhaften Hersteller; folglich halte ich mich zurück, gehe der Sache erst mal nach und rufe den mutmaßlichen Hersteller an. Die schicken gleich jemanden vorbei, der sich den Zahnriemen anschaut, allerdings auch die dazugehörigen Zahnriemenrollen zu sehen verlangt. Nun rückt der Zuschauer die Rollen natürlich nicht raus, ohne neue dafür zu bekommen, aber siehe da, gar kein Problem – der Hersteller liefert einen Satz nagelneuer Rollen, der Geschädigte lässt uns die alten zukommen, und jetzt wird geprüft: Fälschung oder Produktionsproblem? Man wird sehen.

HANS-JÜRGEN: Das ist schon Detektivarbeit – auch deshalb, weil selbst bekannte Hersteller in Asien produzieren lassen. In meinem Betrieb haben wir zurzeit folgendes merkwürdige Problem: Wir bauen das brandneue Radlager eines namhaften Herstellers ein, drehen es an und stutzen: Ab einem bestimmten Punkt dreht es nicht mehr rund, da fühlt es sich wie eine Rastnase an. Das darf aber nicht sein! Na ja, denken wir, ein Radlager ist halt nicht in Ordnung, bestellen wir das nächste … Ist das zweite auch nicht besser! Mittlerweile haben wir elf unbrauchbare Radlager herumliegen; zwei davon waren bereits verbaut gewesen und hatten ein solches Brummen erzeugt, dass man es durch die Fußsohlen spürte.

Gut, man weiß sich zu helfen, nehmen wir eben das gleiche Radlager von einem anderen Hersteller. Wir packen es aus, wir setzen es ein – und es macht klack klack klack. Derselbe Effekt. Das gibt es doch nicht! Bis uns auffällt: Alle diese Radlager tragen denselben Stempel! Das also ist des Rätsels Lösung: Irgendwo im Fernen Osten produziert

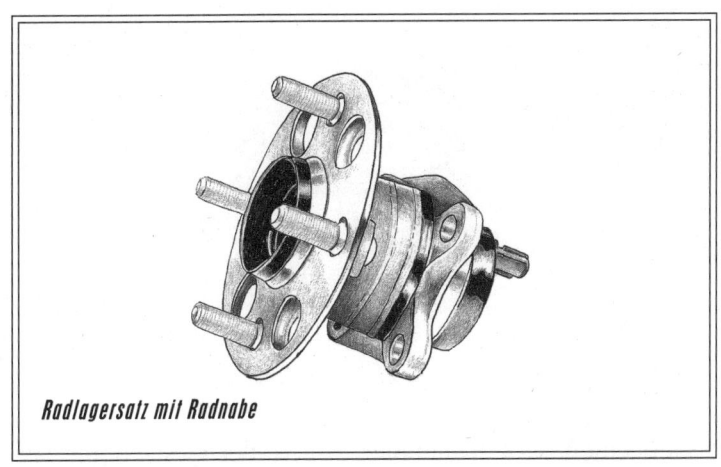
Radlagersatz mit Radnabe

irgendjemand diese Radlager für unterschiedliche europä-
ische Hersteller … Unser Hauslieferant lässt jetzt gerade
prüfen, was bei denen in der Produktion schiefläuft.

HOLGER: Ja, die Liste ließe sich endlos fortsetzen. Richtig gru-
selig wird's aber immer dann, wenn sicherheitsrelevante
Teile gefälscht werden. Nehmen wir an, du hast eine
Bremsscheibe bestellt, weil sie so schön billig ist, und
packst sie jetzt aus. Auf dem Karton steht tatsächlich der
Name eines bekannten Herstellers – allerdings nicht der
Name dessen, der diese Scheibe in Wirklichkeit produziert
hat –, nimmst sie in die Hand und guckst sie dir an – wird
dir dann gleich auffallen, dass diese Scheibe 4 bis 5 Millimeter zu dünn ist? Vielleicht nicht. Und anfangs funktioniert sie auch, man kann damit tatsächlich bremsen, nur –
spätestens nach 60 000 Kilometern wird sie dir bei einer
Gefahrenbremsung womöglich wegbrechen.
Und ähnlich gefährlich wäre ein gefälschtes Dom-Lager.
Darunter versteht man ein Gummi-Metall-Element, in
dem der Stoßdämpfer der Vorderachse oben an der Karosserie beweglich gelagert ist. Ohne Dom-Lager wäre das

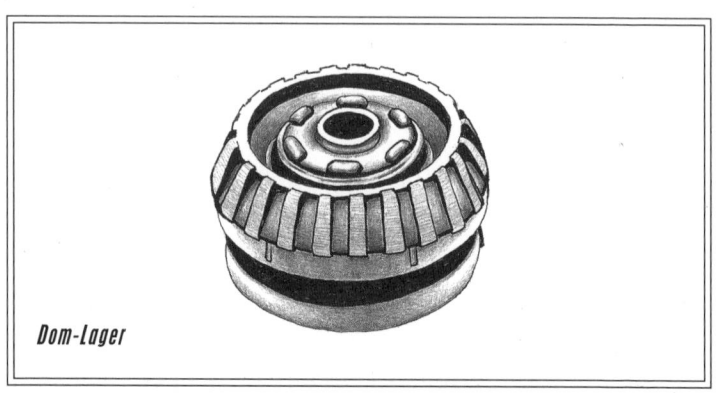

Dom-Lager

Fahrzeug gar nicht lenkbar, da würde sich die Feder ver-
winden, wenn man die Lenkung einschlägt – also schon
ein wichtiges Teil. Ein solches Dom-Lager bekamen wir
zugeschickt. Es trug einen VW-Stempel, war aber totaler
Schrott. In solchen Fällen braucht man natürlich nicht
erst bei Volkswagen anzurufen, weil die Fälschung ins
Auge springt. Sollte ein solches Teil nun auf der Autobahn
ausreißen, schießt das Auto womöglich quer über die Leitplanke, es kommt zu Toten, und alle fragen sich: Wie
konnte das geschehen? Ja, das dürfte sich kaum noch er-
mitteln lassen, weil das Fahrzeug nur noch ein Schrott-
haufen und der Fahrer tot ist. Vielleicht lag's an einem
Billig-Querlenker. Vielleicht lag's an gefälschten Spur-
stangenköpfen. Vielleicht lag's aber auch an einem Dom-
Lager-Imitat wie dem, das man uns zugeschickt hatte.
Schlimmstenfalls bezahlt man die wei verbreitete Pfennig-
fuchserei also mit dem eigenen Leben.

20.
Wenn der gesunde Menschenverstand aussetzt

HOLGER: Hans-Jürgen, uns ist ja klar: Das Thema Fälschungen und Billigkrempel ist unerschöpflich, da könnte man ein eigenes Buch drüber schreiben. Aber sparen wir uns weitere Beispiele, betrachten wir die Sache ausnahmsweise mal philosophisch.

Wie ist die Ausgangslage? Es gibt ein Originalteil für, sagen wir, 100 Euro. Und es gibt das gleiche Teil bei irgendeinem unseriösen Anbieter im Internet für, sagen wir, 20 Euro. Der potenzielle Käufer denkt sich nun: Wow, 80 Euro weniger? Das ist kein Pappenstiel, und so schlecht kann das No-name-Produkt doch wohl nicht sein … Da erwirbt er es doch gerne für 20 Euro, baut es ein und macht die Erfahrung: Entweder funktioniert es gar nicht, oder es ist nach zwei Monaten kaputt.

Nun sollte sich diese Tatsache längst herumgesprochen haben, es ist ja immer wieder das Gleiche. Trotzdem stellen wir fest: Von einem vermeintlichen Schnäppchen scheint eine unwiderstehliche Faszination auszugehen. Ein solches Angebot zieht die Leute magisch an. Mit dem Ergebnis, dass Unmengen von Müll in unser Land kommen, den man eigentlich gleich wegschmeißen und verschrotten könnte, bloß weil die Leute auf den Preisunterschied anspringen. Das ist schon ein bisschen irrational, aber nicht das Einzige, was mich daran irritiert.

Ich frage mich sowieso, wie dieses Geschäft überhaupt funktioniert. Der Hersteller in China, Pakistan oder Vietnam hat die Produktionskosten, er hat die Versandkosten, der deutsche Händler schlägt auch noch was drauf, und am Ende kostet das Teil 10 Euro! Äußerstenfalls 100. An dieser Sache muss doch etwas faul sein. Und wenn man dann bedenkt, was hier an Containern ankommt, welche Mengen kurz nach dem Abladen auf dem Müll landen und was das für die Umwelt bedeutet, wie viele Ressourcen auf diese Art verschwendet werden – also, ich finde das beängstigend.

HANS-JÜRGEN: Ganz irre ist: Du kannst dir im Internet eine Armbanduhr für 1 Cent kaufen, und die funktioniert, die tickt und zeigt die Zeit an. Dafür gibt es nur eine Erklärung: Der Hersteller verdient sein Geld mit dem Porto. Der kalkuliert die Versandkosten so, dass er davon leben kann. Irgendwie gespenstisch.

HOLGER: Jetzt muss man aber einräumen: Es ist längst nicht alles schlecht, was aus Südostasien kommt. Auch viele deutsche Markenhersteller lassen in China und ähnlichen Ländern nach ihren Vorgaben produzieren, und diese Sachen sind richtig gut. Man kann aus China also durchaus eine Wasserpumpe in Erstausrüsterqualität beziehen, man kann dort aber auch die gleiche Wasserpumpe zu einem Zehntel des Preises kaufen, und die ist – nicht gerade überraschenderweise – Schrott, weil der Hersteller zum Beispiel nicht über die nötigen, hochwertigen Stanzwerkzeuge verfügt.

HANS-JÜRGEN: Mit anderen Worten: Der Indikator für Pfusch ist nicht das Herkunftsland, der Indikator ist eben dann doch leider gern der Preis. Ganz einfach. Und der einzige Tipp, den wir unseren Zuschauern geben können, wenn sie vor Reinfällen sicher sein wollen, lautet: Schaltet euren gesunden Menschenverstand ein. Wenn etwas dermaßen billig ist, dann kann und wird es nichts taugen ... Und nicht vergessen: Kein Autoteil ist davor sicher, gefälscht zu werden! Keins, außer vielleicht Steuergeräte und die Batterie eines Teslas. Bei allen mechanischen Teilen aber darf man getrost davon ausgehen, dass sie von Produktpiraten nachgebaut werden.

HOLGER: So, und aus all diesen Gründen sind wir dahinter her, Fälschungen aufzudecken. Mehr können wir nicht tun. Etwas weniger machtlos sind wir allerdings bei Produktionsfehlern deutscher Hersteller. Diese Hersteller können wir anrufen und sagen: »Hört mal, was ist denn bei euch los, stimmt da irgendwas nicht ...?« Dann treten die Hersteller sofort in Aktion – und sind im Übrigen auch glücklich über unseren Hinweis, denn andernfalls würden sie den Fehler vielleicht erst dann bemerken, wenn die Rückläufe kommen.

HANS-JÜRGEN: Außerdem vermeiden es mittlerweile tatsächlich viele, die Autodoktoren gegen sich aufzubringen!

HOLGER: Gut gesagt, Hans-Jürgen. Selbstverständlich hauen wir keinen in die Pfanne.

HANS-JÜRGEN: Aber damit sind wir beim Thema Werkstätten und Billigteile. Ein brisantes Thema. Natürlich kommt es vor, dass Privatleute den frisch übers Internet erworbenen Schrott eigenhändig einbauen – das ist ihre Sache. Es gibt aber auch Werkstätten, die ihre Felle schwimmen sehen, wenn sie nicht das einbauen, was der Kunde anschleppt.

HOLGER: Wir bauen aus Prinzip nichts ein, was ein Kunde anliefert, weil wir nicht nachprüfen können, woher es kommt. Mag ja sein, dass der Markenname auf dem Karton tatsächlich der des Herstellers ist. Kann stimmen, muss aber nicht. Tatsache ist: Nach europäischem Recht sind wir verantwortlich für die Teile, die wir einbauen, wir geben sogar eine Gewährleistung auf alle eingebauten Teile, und deshalb verwenden wir grundsätzlich keine Ersatzteile uns unbekannter Herkunft.

HANS-JÜRGEN: Diese Entscheidung liegt eben immer im Ermessen der Werkstatt. Wir als Meister oder Inhaber stehen ja jedes Mal aufs Neue vor der Frage: Wie weit wollen wir dem Kunden entgegenkommen? Welchen Gefallen wollen wir ihm tun? Und die Erfahrung zeigt: Mit Billigteilen fallen wir auf die Schnauze, sie sind in aller Regel unbrauchbar oder defekt. Nach wie vor aber gibt es Werkstätten, die solche Teile einbauen, weil sie sich sagen: So verkaufe ich wenigstens meine Arbeit.

Nebenbei gesagt unterscheiden sich in diesem Punkt Männer mal wieder von Frauen. Frauen kommen nicht mit dem Ersatzteil in der Hand in die Werkstatt; das habe ich noch nie erlebt. Wenn, dann sind es Männer. Die kennen sich ja aus, die setzen ihren Ehrgeiz darein, das ganze Sortiment von Ersatzteilen selbst zusammenzustellen, und beglücken uns dann mit der forschen Ansage: »Ich habe übrigens den Ölfilter und alles andere schon dabei.« Oder aber sie finden unser Angebot überteuert, weil es dieselben Teile im Netz doch fast umsonst gibt … Wem das an Qualität reicht, darf es ja gerne kaufen. Aber wir bauen es aus Überzeugung nicht ein, der Vorsichtige muss eben nicht immer nachgeben, das ist allemal klüger.

Zur Abschreckung will ich noch ein letztes Beispiel anführen: die Produktion von Bremsklötzen. Die geht überall auf der Welt so vor sich, dass eine weiche Masse auf eine Trägerplatte aufgebracht wird und die Klötze später ausgestanzt werden.

Nun gibt es für diesen Produktionsprozess ein Reinheitsgebot. Damit soll sichergestellt werden, dass es bei der Herstellung der Masse nicht zu Verunreinigungen kommt.

Bei der Produktion von Billigprodukten aus unseriöser Quelle nimmt man es damit natürlich nicht so genau. Schon weil die technische Ausstattung primitiv ist, und dann kann es passieren, dass eine Schraube oder ein Metallstück in die weiche Masse fällt, unbemerkt bleibt und mitverarbeitet wird. Und diese Schraube, dieses Metallstück wird die Bremsscheibe mit der Zeit buchstäblich zersägen. Wir haben jedenfalls schon zweimal eine Bremsscheibe in Händen gehalten, in die sich ein Fremdkörper so tief eingefräst hatte, dass sie an der betreffenden Stelle auseinanderzubrechen drohen. Ja, kein Wunder: Der Hersteller dürfte noch nicht einmal über ein Magnetband verfügt haben, das in seriösen Firmen Fremdkörper gegebenenfalls herausfiltert.

HOLGER: Abschließend daher noch einmal ein Appell an den gesunden Menschenverstand: Lassen Sie sich Ihr Urteilsvermögen nicht von verlockenden Preisangeboten vernebeln! Auch Werkstätten nutzen mittlerweile E-Commerce – da wissen sie aber, von wem es kommt, weil nur bei seriösen Anbietern bestellt wird. Oder halt beim stationären Großhandel. In beiden Fällen wird der Werkstatt bei Reklamationen der Schaden auch ersetzt, sollte es wirklich mal zu Problemen kommen.

21.
Licht- und Schattenseiten des »Ruhms«

HOLGER: Ist damit genug gefachsimpelt, diagnostiziert und repariert? Nein, natürlich nicht. Wir haben noch hinreißende Außendrehs mit vertrackten Fällen auf Lager, zum Beispiel ein Auto, das nachts selbstständig hupt. Aber jetzt wollen wir zur Abwechslung ein brennendes Thema von allgemein menschlichem Interesse anschneiden, nämlich: Ist es ein Segen, so bekannt zu sein – oder ist es ein Fluch? Und meine erste Frage geht an Hans-Jürgen Faul. Sie lautet: Wann ist dir zum ersten Mal aufgefallen, dass du berühmt bist?

HANS-JÜRGEN: Ich bin nicht berühmt. Aber wir genießen einen überdurchschnittlichen Bekanntheitsgrad, das stimmt. Und dazu kann ich eine Geschichte erzählen.

Die ersten 30 Sendungen mit den Autodoktoren lagen hinter uns, es war also noch ziemlich am Anfang, da machten wir, meine Frau und ich, Urlaub in der Dominikanischen Republik. Eines Tages nehmen wir an einer Segeltour teil, steuern kleinere Inseln an und planschen zwischendurch in der großen Badewanne namens Karibik. Da kommt einer der Teilnehmer angeschwommen, paddelt neben mir her und sagt: »Du bist doch einer von den Autodoktoren?!« – »Ja, warum?« Aha, natürlich, er hat einen Hintergedanken. Ich erfahre, dass er daheim in Berlin einen Ferrari stehen hat, der Probleme macht, und ich soll jetzt, bis zum Kopf im Wasser, eine Ferndiagnose abgeben. Meine Frau schwimmt in der Nähe und reagiert leicht ungehalten: »Muss aber jetzt nicht sein, oder? Das fehlt noch, dass du ihm von der Karibik aus sein Auto reparierst ...« Das war der Augenblick, in dem mir zum ersten Mal schwante: Möglicherweise passiert mir so was künftig häufiger.

HOLGER: Verleidet dir das dein Autodoktoren-Dasein?

HANS-JÜRGEN: Nein. Ich bin gern Autodoktor. Ich nehme auch gern alles in Kauf, was an Begleitumständen dazugehört. Lass mich noch ein weiteres Beispiel erzählen. Wir stehen mit unserem Wohnmobil in einem Hafen an der kroatischen Küste und warten auf die Fähre, die uns zur Insel Braç bringen soll. Weil es noch dauert, bis das Schiff kommt, lege ich mich im Wohnmobil aufs Ohr, während meine Frau vor dem Auto sitzt und beim Warten raucht. Da höre ich draußen eine Männerstimme: »Ist Ihr Mann auch da?« Den Frager hat offenbar die große Autodoktor-Reklame auf meinem Wagen angelockt. »Ja«, sagt meine Frau, »aber er schläft gerade.« Doch so schnell gibt die Männerstimme nicht auf. »Ich hätte ihn so gern mal gesprochen ...« Na, denke ich, du kannst den Mann jetzt nicht enttäuschen, stehe also wieder auf, zeige mich, und der Mann strahlt. Was erfahre ich? Dass er auf der Insel eine Autovermietung betreibt und durch unsere Filme so viel über Autos gelernt hat, dass er sogar häufiger schon Defekte an seiner eigenen Flotte selbst reparieren kann. »Ich bin begeistert davon, wie ihr es versteht, technische Zusammenhänge zu erklären.« Auch wenn ich das nicht zum ersten Mal höre – es tut immer wieder gut. Es ist unglaublich schön zu hören, dass jemand toll findet, was du machst, und stolz ist, dir zu begegnen.

HOLGER: Das heißt, du bist gerne berühmt? Oder bekannt?

HANS-JÜRGEN: Na ja, Holger, du weißt selbst: So einfach ist das nicht. Manchmal möchte man unerkannt bleiben. Aber selbst dann, wenn ich in Norddeutschland mit Kapuze über den Kopf gezogen, den Schal vor den Mund gebunden, über den Deich laufe, heften sich Leute an meine Fersen. Da stupst meine Frau mich an und sagt: »Wir müssen schneller gehen. Die Leute hinter uns wollen was von dir.« – »Keine Angst«, sage ich, »das ist bloß ein Ehepaar, das genauso spazieren geht wie wir.« – »Nee«, insistiert meine Frau, »die verfolgen uns.« Gut, ich bleibe stehen, und der Mann spricht mich tatsächlich an – ob ich einer der Autodoktoren sei? Ich versuch's mit Dummstellen: »Wer soll ich sein? Mit Autos habe ich nichts zu tun.« Sofort trifft mich ein strafender Blick meiner Frau. »So was. Sie sehen aus wie der Faul aus dem Fernsehen.« Der nächste strafende Blick meiner Frau, prophylaktisch. »Das ist er«, sagt sie. Meine Frau mag es nicht, wenn ich lüge. Kurz und gut: Ich muss mich zu erkennen geben, auch wenn's mir gerade nicht passt. Ich kann's nicht ändern, ich falle auf.

HOLGER: Jetzt erzähle ich mal was. Ich stehe mit meiner Frau zusammen in einer Seilbahngondel, dick vermummt. Die anderen in der Gondel unterhalten sich, und ich habe die Eigenart, mich in fremder Leute Gespräche einzumischen, wenn's lustig werden könnte. Ich lasse also eine Bemerkung fallen, und sofort sagt einer: »Die Stimme kenne ich.« Es ist der Typ mir gegenüber. »Sag mal schnell … Sag mal schnell … Du machst doch Fernsehen, oder?« – »Nee, was soll ich da machen?« – »Doch, doch … Du bist – Fernsehkoch!« – »Falsch! Was guckst du eigentlich für Filme?« – »Hä?« – »Ich bin nämlich Synchronsprecher in Pornofilmen.« Meine Frau kriegt fast einen Herzinfarkt. Jedenfalls, der Mann rätselt rum, bis wir auf der Bergstation ankommen, und jetzt erlöse ich ihn: »Ich bin einer der Autodoktoren bei VOX.« Und er, glückselig: »Genau …!!!« Ja, so ist es. Es liegt den Leuten viel daran, eine Verbindung zwischen Film und wahrem Leben herzustellen. Wir sind eben beides in einer Person, aber – wie ich es empfinde – irgendwie realer als viele andere Leute, die im Fernsehen zu sehen sind. Es ist ja ganz leicht, von uns ein Foto oder ein Autogramm zu bekommen, man braucht uns nur in unseren Werkstätten aufzusuchen. Bei mir sind es täglich bis zu 15 Menschen …

HANS-JÜRGEN: Ich stehe gern zur Verfügung. Mich kostet das nichts.

HOLGER: Mich schon. Für mich bedeutet es nämlich, immer wieder die Rolle wechseln zu müssen. Natürlich bin ich auch der Holger Parsch aus dem Fernsehen. Aber wenn ich mit meiner Süßen über die Straße laufe oder mit meinem Hund Gassi gehe, mache ich das nicht fürs Publikum, sondern für mich. Wenn mich dann jemand als Autodoktor anspricht, bin ich gezwungen, aus der einen Haut in die andere zu schlüpfen, und vielleicht will ich das gerade nicht. Oder: Ich bin auf einem Campingplatz und beobachte jemanden durchs Fenster, der draußen Fotos von meinem Wohnmobil macht. In diesem Moment laufen bei mir zwei verschiedene Filme ab – als Holger Normalverbraucher frage ich mich: Was will der Typ, was führt er im Schilde? Als Autodoktor denke ich: Der Mensch wird ein Fan von uns sein, der ist vermutlich bloß auf Trophäenjagd. Um mich zu vergewissern, steige ich aus, und tatsächlich, schon heißt es: »Du bist doch einer von den Autodoktoren …« Ja. Und nein! Ich bin eben auch Privatmann – muss ich jetzt schon wieder der Fernsehfritze sein? Also diesen ständigen Rollenwechsel finde ich mitunter anstrengend. Hans-Jürgen ist da anders.

HANS-JÜRGEN: Ja. Weil ich mir sage: Als Autodoktor machst du Dinge, die du sonst nie im Leben gemacht hättest! Du gehörst einem Team an, mit dem du die verrücktesten Sachen erlebst, und ohne meine Zuschauer wäre mir dieses schöne Leben nicht vergönnt. Also schulde ich den Leuten Respekt – und lasse mich gern drauf ein, mal kurz fotografiert zu werden. Nur beim Essen werde ich ungern gestört. Es kommt wirklich vor, dass ein besonders glühender Fan mich im Restaurant um ein Autogramm bittet, während ich gerade die Gabel zum Mund führe. Das empfinde ich als Dreistigkeit, da spiele ich nicht mit.

Aber Tatsache ist: Wir können uns gar nicht mehr verstecken. Ich kriege ja mit, wie viele mich auf der Straße mit Blicken verfolgen. Immer wieder hat jemand das Gefühl, mich irgendwo gesehen zu haben, kann sich aber nicht gleich einen Reim auf mein Gesicht machen und guckt wieder weg, guckt wieder hin, bis ihm ein Licht aufgeht. Wenn er mich dann anspricht, habe ich nichts dagegen – ich hätte doch im Leben nicht damit gerechnet, in der Öffentlichkeit mal die Blicke auf mich zu ziehen! Soll ich mich belästigt fühlen? Viele Menschen warten dienstags und freitags schon auf unser neues Video, sie sind meine Zuschauer, also bekommt jeder von ihnen sein Foto von mir.

HOLGER: Du kommst ja richtig in Fahrt, Hans-Jürgen.

HANS-JÜRGEN: Ja. Und ich verrate dir noch etwas: Ich kenne drei Kategorien von Fans. Nehmen wir die klassische Situation auf dem Campingplatz. Einige von meinen Nachbarn können mich zuordnen und überlegen sich: Der Mann ist im Urlaub, das sei ihm gegönnt, da wollen wir ihn nicht stören … Die nächste Kategorie grübelt und rätselt und spricht mich in ihrer Not irgendwann an: »Sind wir uns auf diesem Campingplatz schon mal begegnet?« – »Nein, das glaube ich nicht.« – »Aber wir haben uns doch schon gesehen?« – »Das ist nicht ganz richtig. Du hast mich gesehen, aber ich bin dir noch nie begegnet. Autodoktoren – sagt dir das was?« Ja, da fällt der Groschen. Jetzt ist ein Foto fällig.

Und nun zur dritten Kategorie. Ich mache Urlaub am Meer, und jemand beobachtet mich. Irgendwann wechsele ich ein paar Worte mit seinem Kind, weil es gerade herumkaspert, der Vater kommt dazu, man unterhält sich über eigene und fremde Kinder, und dabei bleibt es. Das sind die diskreten Fans, über die ich mich am meisten freue. Sie machen kein Aufheben von mir, sie nutzen bloß die günstige Gelegenheit zu einem normalen Gespräch, und ich bin glücklich – endlich jemand, für den du noch etwas anderes als der Autodoktor bist. Irgendwann heißt es dann: »Was macht ihr heute Abend? Gehen wir essen, fahren wir in den Ort, nehmen wir mein Auto?« Okay, einverstanden, machen wir. Natürlich kennt er mich, das merke ich, aber gleichzeitig lässt er mich spüren: Der reale Hans-Jürgen Faul ist mir nicht weniger lieb als der Autodoktor auf dem Bildschirm … Und mir, dem realen Hans-Jürgen Faul, liegt meinerseits nichts daran, den Promi herauszukehren und dezent zu verstehen zu geben, dass man mich kennen sollte.

HOLGER: Du hast recht. Gerade erinnere ich mich an eine Situation vor wenigen Jahren …

HANS-JÜRGEN: … als dein Sohn Leukämie hatte.

HOLGER: Danke, Hans-Jürgen. Ich zögere einen Moment, weil ich kurz schlucken muss, und schon springst du ein. So funktioniert das zwischen uns beiden. Du bist ein Schatz! Ich kenne dich wahrscheinlich besser als meine eigene Frau.

Was ich erzählen wollte: Die Leukämie meines Sohns hat

mich damals fürchterlich mitgenommen. Das war eine Zeit, die auch das Team unendlich viel Energie gekostet hat. Während der langen Wochen, die mein Sohn im Krankenhaus lag, habe ich mich gefragt, ob man der Sache nicht auch etwas Gutes abgewinnen könnte. Da hatten wir die Idee, die Deutsche Knochenmark-Spenderdatei aus dem Verkauf unserer Autodoktoren-Tassen zu unterstützen, haben auch ein Video dazu gedreht, und innerhalb von anderthalb Tagen waren die ersten 600 Tassen weg. Weitere Aktionen folgten, und jedes Mal haben unsere Fans fantastisch mitgezogen. Danach wussten wir, dass uns 99 Prozent unserer Zuschauer wirklich wohlgesonnen sind. Ich muss aber auch kurz auf das eine restliche Prozent eingehen.

Als wir mit dem Fernsehen anfingen, waren wir vor blödsinnigen Zuschauerkommentaren geschützt, beim Fernsehen gibt's eben keine Kommentarfunktion. Seit geraumer Zeit aber bespielen wir auch YouTube, und jetzt melden sich bei uns die Stänkerer. Für einen gefühlvollen Menschen wie mich war das schlimm. Anfangs habe ich alle Kommentare durchgelesen, und drei Monate später war ich so weit, aus YouTube auszusteigen. »Warum?«, wollte Lars wissen. »Ich verkrafte die gehässigen Kommentare nicht mehr; gleichzeitig kann ich es aber auch nicht sein lassen, alles zu lesen.« Und Lars: »Du wirst lernen müssen, damit zu leben.« Wollte ich aber nicht. Inzwischen geht's. Mittlerweile nehme ich mir diesen Schund nicht mehr so sehr zu Herzen. Der Spaß an unseren YouTube-Filmen überwiegt das Unbehagen jedenfalls deutlich.

HANS-JÜRGEN: Was besonders ärgerlich ist: Unsere Videos und unsere Firmen werden oft in einen Topf geworfen. Autodoktoren und Werkstatt sind aber zweierlei, und wenn der Betrieb bewertet wird, sollte derjenige zumindest mal bei uns gewesen sein. Stattdessen passiert Folgendes: Wir stellen einen Film ins Netz, und anderntags haben wir 350 Bewertungen auf unserer Firmenseite, darunter extrem abfällige – Daumen runter, Finger weg, blöder Laden –, die meisten davon anonym. Aber mich nimmt das weniger mit als Holger. Wenn sich einer auskotzen möchte, bitte – das kann ich ignorieren. Sollte ausnahmsweise ein Name dabeistehen, schaue ich in meiner Kundendatei nach – hatten wir dessen Fahrzeug überhaupt schon mal in der Werkstatt? Sieht nicht so aus. Ich schreibe dann zurück: Wann waren Sie bei uns? Gab's ein Problem, kann ich helfen …? Nie kommt es vor, dass einer antwortet.

HOLGER: Aber wir wollen dieses schöne Kapitel über Licht- und Schattenseiten des »Ruhms« versöhnlich ausklingen lassen. Die Schwachköpfe bilden nämlich eine absolute Minderheit; der weitaus größere Teil der Zuschauer ist glücklich mit dem, was wir machen. Erst kürzlich kam einer mit zwei Familienpackungen Haribo bei mir vorbei, legte eine pneumatische Pumpe für die Niveauregulierung bei der E-Klasse drauf und sagte: »Die fällt in die Kategorie ›Wer zweimal kauft, kauft öfters‹ – nach zwei Monaten war sie kaputt.« Richtig nett, und so geht es die ganze Zeit. Einmal habe ich beim Dreh gehustet und durchblicken lassen, dass ich gern Nüsse esse und gerade ein paar Krümel in den falschen Hals bekommen hätte. Zwei Tage später kam einer mit einer ganzen Karre voller Nüsse an, bestimmt 10 Kilo – inzwischen alle verspeist. Nachdem wir das Pro und Contra unserer Medienpräsenz gegeneinander abgewogen haben, kann das Fazit also nur lauten: Wir werden gemocht, wir werden gelobt, wir werden beschenkt – und von 1 Prozent Idioten werden wir gemobbt. Letzte Frage, Hans-Jürgen: Ist es schön, bekannt zu sein?

HANS-JÜRGEN: Auf jeden Fall.

22.
Bühne statt Werkstatt
auf der Automechanika

HOLGER: Hans-Jürgen, ich will nicht selbstgefällig klingen, aber – dürfen wir verschweigen, dass es einmal sogar einen regelrechten Starrummel um uns gegeben hat?

HANS-JÜRGEN: Das dürfen wir nicht.

HOLGER: Nämlich vor einigen Jahren auf der Automechanika.

HANS-JÜRGEN: Für alle, die die Automechanika nicht kennen: Sie findet abwechselnd mit der IAA in Frankfurt statt und präsentiert alles, was im weitesten Sinne mit Autos zusammenhängt. Es ist die größte Messe auf diesem Gebiet, die Besucher dort kommen aus Deutschland, Österreich und der Schweiz, und die allermeisten kennen uns mittlerweile.

HOLGER: Die Automechanika bucht uns regelmäßig für mehrere Tage. An den sogenannten Werkstatttagen aber sind wir geblockt für einen großen Autozulieferer. Und an den Werkstatttagen sind eben fast ausschließlich Kollegen von uns, eben ganze Werkstattteams da. Wir ziehen dann mehrmals täglich eine kleine Show ab, bei der es um Themen wie Elektromobilität, Kupplungen oder Automatikgetriebe geht. Für uns ist das schon eine fette Nummer: Mit Moderator, der unsere Auftritte ankündigt, mit Kameramann, mit riesengroßen Leinwänden – und wir in Großaufnahme. Das ist schon abgefahren. Wir trainieren vorher auch richtig, wir üben unseren Vortrag ein, den wir zusammen mit Lars ausgearbeitet haben, wir lernen die Texte auswendig und tragen sie dann mit verteilten Rollen vor – also, das klappt ganz gut.

HANS-JÜRGEN: Obwohl mich – im Gegensatz zu Holger – kein Mensch für den geborenen Entertainer halten würde. Ich gehöre in die Werkstatt, nicht auf die Bühne, sollte man meinen. Aber nichts da! Ich habe die Erfahrung gemacht: Talent ist gar nicht so wichtig – die Bühne macht den Entertainer!

Die letzten Minuten vor dem Auftritt sind allerdings fast unerträglich. Wir haben unsere Headsets aufgesetzt, wir machen uns hinter den Kulissen bereit, wir sammeln uns, konzentrieren uns, und in diesem Augenblick erreicht die innere Anspannung ihren Höhepunkt. Wir bekommen eine Gänsehaut, unser Puls jagt, aber dann werden wir vom Moderator angekündigt, betreten die Bühne, und nach den ersten zwei Sätzen ist der ganze Druck wie weggeblasen, ich kann frei reden, und mir ist völlig egal, ob mich drei Augenpaare ansehen oder 300. Die Leute sind uns natürlich gewogen, das macht es leichter.

Wenn ich an unseren letzten Auftritt denke … Wir werfen einen Blick durch die Kulissen nach draußen, und vor der Bühne stehen nur ein paar verlorene Gestalten rum. Lars versucht noch, uns aufzumuntern: »Jungs, macht euch nichts draus, es ist nicht viel los, zieht eure Nummer durch wie immer.« Zwei Minuten später werden wir angekündigt, kommen raus, und die Halle leert sich, alles strömt herbei und versammelt sich vor unserem Stand. Das ist ein Gefühl, wenn plötzlich aller Augen auf dich gerichtet sind! Wir waren jedenfalls schwer beeindruckt, unsere Auftraggeber auch – keiner hätte mit diesem Andrang gerechnet.

HOLGER: Unser Auftraggeber war übrigens eine Zulieferfirma, die Stoßdämpfer, Lenkungen und Ähnliches herstellt. Im besagten Jahr hatten wir Auftritte an zwei verschiedenen Ständen, und auf dem Weg vom einen zum anderen mussten wir die Halle wechseln. Es war fast nicht möglich! Es war kein Durchkommen. Kaum hatten wir den ersten Stand verlassen, stürzte sich das Fachpublikum auf uns. Denn klar: Das waren ja auch alles Schrauber, schließlich waren das ja die Werkstatttage. So viele Autogramme, so viele Fotos und vor allem so viel positive Zustimmung von Kollegen – das ist schon toll, aber auch etwas surreal.

HANS-JÜRGEN: Um wieder auf den Teppich zu kommen …

HOLGER: Gut. Bühne ist ja auch eher selten. Die Normalität heißt Werkstatt. Aber es gibt natürlich Berührungspunkte zwischen Bühne, Film und Werkstatt. Auf der einen Seite haben wir durch unsere Auftritte als Autodoktoren bei den Kunden ein dickes Bonuspaket, auf der anderen Seite aber erwarten die Leute von uns auch im Werkstattalltag sehr viel – nicht nur handwerklich, auch im Hinblick auf unsere Vertrauenswürdigkeit. Das könnte eine Belastung sein, wenn wir nicht alles an unserer Arbeit lieben würden, den Alltag genauso wie unsere Ausflüge ins Unterhaltungsbusiness. Und wenn ich jetzt an meine Kindheit zurückdenke, kommt es mir vor, als wäre ich für diesen Job von Anfang an vorherbestimmt gewesen. Warum – das wird man gleich sehen. Im nächsten Kapitel.

23.
Eine Tankstelle war mein Schicksal

HOLGER: Dies ist, in wenigen Worten, meine Lebensgeschichte: Als junger Mann saß ich unter einem Baum, da schlug ein Kugelblitz neben mir ein, und im nächsten Augenblick hörte ich eine Stimme aus den Wolken, die diese Worte zu mir sprach: »Holger Parsch, von nun an wirst du Autos reparieren!« Und so war es. Ich musste nicht mal eine Ausbildung absolvieren. Ich war der himmlischen Stimme augenblicklich gehorsam, und siehe, ich brauche ein defektes Auto nur zu berühren, schon funktioniert es wieder …

Nein, Spaß beiseite. Alles zurück auf null und noch mal von vorn. Also …

Meine Kindheit war weiß-blau. Weiß waren die vier Großbuchstaben, und blau war das auf die Spitze gestellte Quadrat oben am Mast, mit dem sich unsere Tankstelle weithin sichtbar als solche zu erkennen gab. Die Großbuchstaben bildeten natürlich das Wort ARAL. In einer meiner frühesten Erinnerungen sehe ich die Familie Parsch vor mir – meine Schwester, meine Mutter, mein Vater und ich –, wie sie sich alle vier auf der Tankstelle zu schaffen machen, während unter dem ARAL-Schild am Mast ein riesiger Fußball mit mexikanischem Sombrero schwebt; Demnach muss es 1970 gewesen sein, zur Zeit der Fußballweltmeisterschaft in Mexiko, als ich vier oder fünf Jahre alt war. Mit anderen Worten: Ich bin zwischen Zapfsäulen und Autos groß geworden, mit Benzingeruch in der Nase, und ich mag diesen Geruch bis heute. Aber der Reihe nach.

Mein Vater ist Kölner. Er war sehr streng erzogen worden, was man kaum glauben wollte, wenn man seinen Vater als Opa kannte. Ich habe den Vater meines Vaters jedenfalls nur als ganz, ganz lieben Menschen erlebt, aber als mich vor 15 Jahren eine Neugier auf meine Herkunft überkam, habe ich ein bisschen in meiner Verwandtschaft nachgeforscht, und da trübte sich das Bild meines Opas kräftig ein. Wer bin ich?, habe ich mich damals gefragt. Woher kommt meine Kraft, und was steckt alles in mir?, wollte ich wissen, und da zeigte sich, dass mein Opa früher ein aggressiver Charakter mit Sympathien für die Nazis gewesen war. Wie viel von ihm mochte in mir stecken?

Mein Vater ist im Krieg aufgewachsen, musste aber nicht an die Front; dafür war er zu jung, elf Jahre alt bei Ende des Kriegs. Anfang der 50er-Jahre machte er eine Lehre als Tankwart und wurde seither Pumpenschwengel genannt, weil man den Kraftstoff damals mit der Hand aus großen Stahltanks in den Autotank pumpte. Dann lernte er bald meine Mutter kennen, die aus Schlesien vertrieben und nach Köln geflohen war, und beide beschlossen, sich selbstständig zu machen – mit einer ARAL-Tankstelle im Kölner Süden, in Bayenthal. Zu meiner Geburt habe ich also quasi eine Tankstelle geschenkt bekommen.

Es war ein glücklicher Umstand, dass unsere Wohnung nur wenige Häuser von unserer Tankstelle entfernt lag. Mein Vater verließ das Haus um sieben Uhr morgens, meine Mutter ging mit uns Kindern zwei Stunden später ebenfalls rüber, dann blieben wir den ganzen Tag dort, und ich war im Paradies. Die Tankstelle war mein Reich, mein Revier, mein Fuchsbau und meine Bühne, da habe ich gespielt und gebastelt und geschraubt und Kunden bedient, denn damals übernahm der Tankwart das Betanken noch selbst, auch unsere Tankstelle war eine Bedien-Tankstelle, und vor allem vor Weihnachten fiel dabei für den kleinen Holger ein üppiges Trinkgeld ab.

Dieses Trinkgeld hing mit dem benachbarten Stadtteil Marienburg zusammen. Dort lebten die Reichen, dort gab es Konsulate und Botschaften, und mein Vater war dafür bekannt, die Nobelkarossen der feinen Herrschaften abzuholen, zu waschen, zu betanken und ihnen picobello wieder vor die Tür zu stellen. Außerdem aber war auch der Großmarkt in der Nähe, gleich an der viel befahrenen Bonner Straße gelegen, und die Autos der Händler hatte mein Vater, geschäftstüchtig, wie er war, gleichfalls in sein Serviceprogramm aufgenommen. Gerade mal 18 DM hat er verlangt und dafür jedes Auto einmal die Woche von Hand gewaschen, mit destilliertem Wasser innen und außen gesäubert und anschließend poliert. Was mein Vater nicht schaffte, machte meine Mutter, während meine Schwester und ich den Zapfhahn bedienten.

Autos waren von Anfang an mein Lebenszweck. Wenn Papa ins noble Marienburg fuhr, um pflegebedürftige Fahrzeuge abzuholen, durfte ich ab und zu mitfahren, und je nachdem, welches Auto dran war, machte man wunderbare Bekanntschaften. In einem Porsche 911 habe ich gelernt, was Beschleunigung ist, und heute würde ich sagen: In diesen Lehrjahren der Lust muss ich mir eine ziemlich üble Form der Abhängigkeit eingefangen haben – jedenfalls tut mir Beschleunigung bis heute gut. Wenn ich mich dieser Tage in einen Tesla setze und Gas gebe, katapultiert er mich in meine frühen Jahre zurück, dann werde ich buchstäblich wieder zu diesem Kind auf dem Beifahrersitz eines Porsche 911. Unsere Kundschaft war so gesehen natürlich ein Glücksfall. Nicht nur die Diplomaten hatten fette Autos, auch die Geschäftsleute vom Großmarkt, und nichts ging für mich damals über Mercedes und Porsche. Die Schule brauche ich nicht zu erwähnen. Mein Leben fing nach der letzten Unterrichtsstunde an, mit diesem Rundum-glücklich-Paket aus Autos betanken und Geld verdienen. An einem einzigen Vorweihnachtstag habe ich als Zehnjähriger mal mit einem Freund zusammen 52 DM eingenommen. Das war richtig, richtig viel Geld, damit hätte ich die Süßigkeiten aus dem Angebot unserer Tankstelle locker bezahlen können, statt sie zu klauen, aber für mich mussten Bonbons nach Mundraub schmecken.

HANS-JÜRGEN: Wenn ich mal unterbrechen darf, Holger – so ausführlich haben wir ja noch nie darüber gesprochen ... Du hast also offenbar auch sehr früh die Bedeutung von selbstverdientem Geld für ein angenehmes Leben begriffen. Ging mir genauso. Ich war als Kind schon kräftig und habe als Zehn-, Elfjähriger mein eigenes Geld damit verdient, auf Baustellen Schubkarren voll Sand durch die Gegend zu fahren. Mir konnten sie die Schubkarre nie voll genug machen, es durfte sich sogar noch ein Nachbarskind vorne draufsetzen, ich wollte unbedingt schuften, denn für drei Karren gab es eine Deutsche Mark! Damals habe ich verstanden, dass Arbeiten sich lohnt, und nach dieser Devise habe ich gelebt – gute Arbeit, gutes Geld. Eine einfache Rechnung.

HOLGER: Ja, aber bei mir regte sich schon bald noch ein ganz anderer Trieb. Ich musste schrauben, ich musste basteln, ich musste experimentieren, ich musste vor allem – Unfug anstellen, je irrwitziger, desto besser. Schon eine meiner ersten Aktionen ging übel aus. Ich repariere in unserer Werkstatt neben der Tankstelle mein Fahrrad, will die

Kette kürzen, schlage Kettenglieder raus, und eins davon fliegt zielstrebig in den Brennraum eines Zylinderkopfs, der dort herumliegt.

Jetzt muss man wissen: Dieser Zylinderkopf gehörte zu dem Manta, mit dem mein Papa Rennen fuhr. Ich schenke dem verlorenen Kettenglied weiter keine Beachtung, und irgendwann baut mein Papa den Zylinder ein, startet, der Motor kreischt auf, und dann ist nur noch ein Rattern, Rasseln, Knirschen zu hören. Hinterher hält er mir drohend diesen Zylinderkopf hin: »Hast du zufällig in letzter Zeit dein Fahrrad repariert?« – »Ja …« Es kam aber nichts nach. Er hat kein Wort mehr darüber verloren. Kleinere Katastrophen dieser Art fielen für meinen Vater unter Künstlerpech, und den Zylinderkolben mit den Einschlägen hatte ich jahrelang als Souvenir in meinem Zimmer stehen.

Jetzt war es am Wochenende bei uns üblich, auf einen Campingplatz im Westerwald zu fahren. Mein Vater hat dort den Rasen gemäht, ich habe die Gegend inspiziert, und dabei bin ich auf eine lang gezogene Anhöhe gestoßen, über die eine Straße verlief, von oben bis ganz unten ins Tal. Diese Straße schrie nach Seifenkisten und Wettrennen. Ich war damals neun, und auf dieses Jahr datiere ich den Beginn meiner Schrauberkarriere, denn jetzt wurde es ernst.

Ich habe daheim auf der Tankstelle eine Flex genommen, aus einem alten Kinderwagen die beiden Achsen mit den Rädern rausgeschnitten, die Achsen unter ein Schalbrett montiert, wie man es zum Einschalen von Fußböden oder Deckenverkleidung benutzt, einen Recaro-Sitz draufgeschraubt, und dann bin ich damit im Westerwald Rennen gefahren. An Konkurrenten herrschte kein Mangel. Zusammen mit anderen Kindern meines Alters sind wir also quasi im Sturzflug diese Straße hinuntergerast, eine richtig lange, herrlich abschüssige Strecke, mit geschätzten 60 Sachen und ohne Helm. Unten stand einer von uns, der musste die Kreuzung bewachen und Autos nötigenfalls so lange aufhalten, bis wir vorbei waren – wir konnten ja nicht bremsen –, und dann ging es über die Kreuzung bis ins Tal und auf der anderen Seite einen holprigen Waldweg wieder hoch, um im Wald auszurollen, und wenn du zu schnell angeschossen kamst, hast du dich spätestens dort überschlagen. Was haben wir gekämpft! Einer besaß ein Kettcar, das war immer ein bisschen schneller als ich, das hat mich wahnsinnig gefuchst, deshalb war mir das Risiko vollkommen egal. Auf der Kreuzung unten herrschte sowieso kaum Verkehr …

Dabei kann man meine Kindheit und Jugend als eine einzige Verletzungsserie bezeichnen. Schon beim Bau meiner Seifenkiste hatte ich mir an einer Achse, die nicht sauber entgratet war, den rechten Unterarm aufgerissen – die Narbe sieht man heute noch. Später habe ich mir mit einem Bonanza-Rad ein Loch ins Bein gehauen. Diesem Rad hatte ich eine längere Gabel verpasst, und diese Gabel ist blöderweise bei einem riskanten Manöver gebrochen – gut, das war dann eben so, lag der Junge also schon wieder zwei Wochen im Krankenhaus. Als Nächstes habe ich mir eine Schere ins Knie gerammt, die ich im Bett vergessen hatte – ich war in diese Schere regelrecht reingesprungen –, dann habe ich mir die Schulter ausgekugelt und irgendwann das Fersenbein gebrochen, weil ich einem Jungen helfen wollte, dessen Modellflugzeug sich im Baum verfangen hatte. Ich klettere hoch, ich falle runter – und 14 Tage später bricht sich mein Vater den Fuß beim Fußballspielen, sodass wir eine Weile lang alle beide an Krücken herumgehumpelt sind.

Es war eine Katastrophe. Bei unserem Hausarzt war ich Stammgast, meine Krankenakte war so dick wie ein Brockhaus-Lexikon, und ich war mir sicher: Spätestens mit 21 wirst du im Rollstuhl sitzen. Was mich in keiner Weise gehindert hat, bei nächster Gelegenheit wieder blutverschmiert auf unserer Tankstelle zu erscheinen, zum Beispiel, weil ich mir beim Kopfsprung in einen See die ganze Vorderseite aufgeschnitten hatte. Und jedes Mal musste meine Mutter ihre Arbeit auf der Tankstelle unterbrechen, um mich zum Arzt zu fahren. Einmal lag ich innerhalb eines Jahres dreimal für längere Zeit im Krankenhaus, meine Eltern sind fast verrückt geworden, und meine Mutter erinnert sich, einmal von einem meiner Freunde gefragt worden zu sein: »Ist Holger zu Hause oder liegt er im Krankenhaus?«

HANS-JÜRGEN: Wie war das bei dir, Holger … Ich bin nach solchen Vorfällen jedenfalls regelmäßig von meinem Vater verprügelt worden. Oder von meiner Mutter, wenn der Vater gerade nicht da war. Bei uns reichten geringfügige Verstöße gegen die Tagesordnung, schon setzte es was. Es war uns zum Beispiel verboten, am Rhein zu spielen. Aber zum Rhein war es ein Katzensprung – wo haben wir gespielt? Am Rhein. Ich weiß nicht, wie man Vater dahintergekommen ist, wahrscheinlich brauchte er nur die durchweichten Schuhe und die nassen Klamotten zu sehen, jedenfalls gab's auch dafür die übliche Tracht Prügel. Oder: Nicht weit von unserem Haus lag ein See, ziemlich tief, mit einer Baubude am Ufer. Die haben wir zerlegt, und man weiß ja: Holzwände schwimmen. Wir also die Wände ins Wasser geschmissen und den ganzen Tag damit über den See gefahren. Natürlich sahen wir hinterher lecker aus, es geht mit der Flößerei ja auch mal schief. Abends schrie meine Mutter bei unserem Anblick auf, und wieder war eine Abreibung fällig. Heute weiß ich: Es geht auch ohne Prügel. Aber damals hielt man Schläge für ein wertvolles Erziehungsmittel.

HOLGER: Ich weiß. Ich habe von meinem Vater auch viel Prügel bezogen. Zum Beispiel … Ich fand Feuerwerk immer schön. Junge und Feuer, das passt ja gut zusammen. Nun besaß mein Vater eine Leuchtkugelpistole. Die Munition dieser Pistole habe ich auseinandergenommen, das Pulver in ein Döschen für Fischfutter der Marke Tetramix gefüllt und meinen Sprengkörper sorgfältig mit Tesafilm verklebt. Jetzt fehlte mir eine Zündschnur. Nie um einen Einfall verlegen, habe ich eine Zeitung genommen, habe sie angefeuchtet, das Pulver draufgestreut, das Ganze zur Schnur zusammengedreht und das eine Ende in mein Döschen gesteckt. Okay, habe ich gedacht, diese Höllenmaschine bringst du nicht auf dem Balkon zur Explosion, die zündest du besser im Garten. Unten angekommen halte ich ein Streichholz dran, aber es zischt nur kurz, es tut sich nichts, ich also gleich das nächste Streichholz entzündet – da merke ich: Die Schnur brennt sehr wohl, nix wie weg!, aber im selben Moment explodiert meine Bombe, und ich bin mit Splittern gespickt. In der Hand, in den Beinen, im Po – am ganzen Körper Splitter von diesem Plastikdöschen!

Ich laufe ins Haus zu meiner Schwester. Die macht gerade eine Krankenschwesternausbildung und legt mir einen Notverband an. Abends kommen meine Eltern heim. Eigentlich wollen sie ins Theater, aber das können sie vergessen. Mein Vater macht den Verband ab, besieht sich meine Hand und knallt mir eine; eins hinter die Löffel, das war immer die erste Reaktion. Und dann ins Auto gesetzt und ab ins Krankenhaus, wo sie mir jedes Plastikstück einzeln rausoperieren mussten.

Was habe ich nicht alles angestellt! Lange Zeit hatte ich Angst, ein Kind zu bekommen, wie ich es war. Aber wie viel Freiheit man gehabt hat ... Wie viel Zeit man für sich hatte ... Wie viele Möglichkeiten sich immer wieder auftaten ...

24.
Nähmaschinen zu Phaserkanonen

HOLGER: Das Verrückte an den 60er-Jahren war: Du bekamst ständig eine geknallt, durftest aber fast alles. Ich habe mit neun Jahren schon geflext, ich habe in diesem Alter auch schon geschweißt, es durfte nur nichts schiefgehen. Das heißt: Du warst frei, hattest aber die Konsequenzen zu tragen. Gelegentlich wurden aber auch andere in Mitleidenschaft gezogen, wie etwa bei meinem gescheiterten Versuch, eine Stinkbombe zu basteln.

Das kam so: Im Chemieunterricht hatten wir die Zusammensetzung einer Stinkbombe durchgenommen. Sofort fing ich an zu grübeln, wie ich mir die nötigen Substanzen besorgen könnte, nämlich Schwefel, Salzsäure und Eisenspäne. Nun wurden Bremstrommeln damals in den Werkstätten nicht erneuert, sondern ausgedreht, und dabei fielen Eisenspäne ab – da war also leicht dranzukommen, und der Rest sollte nach menschlichem Ermessen doch auch zu beschaffen sein.

War er auch. Mein Vater besaß eine Destillieranlage für die Fahrzeugpflege, und das Abfallprodukt des Destilliervorgangs ist Salzsäure – damit hatte ich schon zwei Zutaten zusammen. Schwefel ist mir dann im Chemieraum in die Hände gefallen – Klauen wäre das falsche Wort, das habe ich niemals gemacht –, und jetzt konnte es losgehen. Ich ziehe mich in die Toilette an der Rückseite unserer Tankstelle zurück, und theoretisch ist alles ganz einfach: Du nimmst einen Esslöffel, tust die Eisenspäne drauf, kippst den Schwefel drüber und erhitzt den Löffel über einer Flamme, bis sich beides verbindet, füllst dann das Ergebnis in ein Reagenzglas und gibst zum Schluss die Salzsäure zu. Genauso gehe ich vor. Es verbreitet sich auch schon ein prächtiger Gestank, aber plötzlich befürchte ich, mein Elixier könnte verdunsten, also verstopfe ich das Reagenzglas mit einem Korken – da fängt es an zu brodeln, und im nächsten Augenblick knallt der Korken gegen die Decke, das Zeug spritzt in alle Himmelsrichtungen, es stinkt bestialisch, und obendrein ist die ganze Toilette mit schwarzen Eisenspänen und gelben Schwefelflecken gesprenkelt. Ich versuche noch, die Wände mit einem Lappen abzuwischen, aber es ist sinnlos – und der Gestank unerträglich. Die Toilette musste komplett renoviert werden. Und es war nicht damit getan, zweimal drüberzustreichen – vorher musste der Putz abgekratzt werden.

Solche seelischen Abgründe tun sich bei mir immer wieder auf. Eines Tages basteln wir eine Sanddusche für ahnungslose Spaziergänger. Mein Freund hat ein Modellflugzeug mit Fernbedienung, und mit dieser Fernbedienung setzen wir folgenden Mechanismus in Gang: Auf ein Brett werden zwei Dosen voll Sand gestellt und durch eine Schnur mit dem Brett verbunden, damit sie im Augenblick der Entleerung keinem auf den Kopf fallen. Neben jeder Dose wird ein Servo mit einer kurzen Stange aufs Brett montiert, und diese Stange schlägt die Dose vom Brett, sobald der Servo über die Fernbedienung ausgelöst wird. Das ist die ganze Vorrichtung, und nun nageln wir das Brett auf eine Astgabel über einem von Spaziergängern frequentierten Parkweg, bauen uns 200 Meter davon entfernt mit einem Fernglas auf, und wenn Leute drunter herlaufen, lösen wir die Sand-dusche aus.

Wir haben uns bepisst vor Lachen. Selbstverständlich ist kein Erwachsener hochgeklettert, um unsere Installation zu entfernen. Allerdings mussten wir in stillen Augen-blicken immer wieder hoch und Sand nachfüllen; das war lästig, aber dieser Mühe haben wir uns mit vorbildlicher Disziplin unterzogen. Einmal traf es sogar eine Frau mit Kinderwagen … Das grenzte an Landfriedensbruch, war aber trotzdem lustig.

Also, was immer technisch möglich war, haben wir ge-macht. Sinnvolle Freizeitbeschäftigungen sind eher selten dabei herausgekommen, wohl aber eine Phaserkanone aus dem Körper einer Nähmaschine, die mich fast umgebracht hätte, als es zum Kurzschluss kam, oder eine Vorrichtung, um Türklinken unter Strom zu setzen, der meine Oma bei-nahe zum Opfer gefallen wäre. Aber das Größte war mein erstes selbst gebautes Kraftfahrzeug, und dafür muss ich weiter ausholen.

Wie man sieht, hatte ich immer schon Interesse an Mobi-lität. Jetzt ergab es sich, dass meiner Schwester das Mofa geklaut wurde. Als wir es fanden, war es total geplündert, aber der Motor war noch da, und in den nächsten Wochen lag dieser Motor nutzlos in unserer Werkstatt herum. Was soll ich sagen? Er ließ mir keine Ruhe. Gleichzeitig ver-gammelte in einer Ecke der Werkstatt mein altes Kettcar, das ich irgendwann, irgendwo abgestaubt hatte, und jetzt brauchte ich nur noch eins und eins zusammenzuzählen – was sprach eigentlich dagegen, einen herrenlosen Mofa-motor auf ein Kettcar zu montieren?

Ich mache mich an die Arbeit. Ich säge die Hinterachse des Kettcars in der Mitte auseinander und setze eine Riemen-scheibe dazwischen – nicht optimal, die Scheibe eiert, aber

Kettcar

was soll's. Ich schweiße einen Rahmen zusammen, pflanze ihn hinterm Fahrersitz auf das Kettcar, setze den Motor in dieses Gestell ein und ziehe einen Riemen vom Motor auf die Riemenscheibe. Ein 5-Liter-Kanister dient als Tank, und der Hebel für die Handbremse wird mithilfe eines Drahtzugs zum Gashebel umfunktioniert. Kopfzerbrechen bereitet mir allerdings die Kupplung. Mofas haben eine Rutschkupplung, das lässt sich wegen der Übersetzung hier aber nicht machen, so viel Fahrt nehme ich mit An-schieben niemals auf, also dengele ich stattdessen eine Schraube in die Kupplung und bin jetzt halt gezwungen, bei laufendem Motor permanent in Fahrt zu bleiben. Mindestgeschwindigkeit 6 Kilometer pro Stunde, Anhal-ten geht nicht mehr.

Mein erstes selbst gebautes Kraftfahrzeug funktioniert – anschieben, draufspringen und Gas geben, dann rappelt es wie doll, aber es fährt. Zunächst kurve ich auf der Tankstel-le damit herum, was mein Papa noch ganz in Ordnung findet, aber – immer nur Tankstelle? Ein Kraftfahrzeug gehört in den Straßenverkehr. Also fahre ich die Caesarstraße runter und biege am Ende in die bekanntlich viel befahrene Bonner Straße ein, auf der Fahrbahn, selbstverständlich. Tolles Gefühl! Ich halte das Steuer umklammert, gebe Gas, lasse mir den Fahrtwind um die Nase wehen, vergesse alles um mich her und knattere selig die Bonner Straße runter.

Plötzlich taucht ein Motorradsheriff neben mir auf. Er muss mich schon längere Zeit verfolgen; jetzt setzt er sich neben mich und macht Handzeichen. Ich gucke ratlos zu ihm auf. Anhalten kann ich nicht, aber genau das will er offenbar von mir – was tun? Ich fahre den Bürgersteig hoch, mein Vehikel holpert, stottert, geht aus, bleibt stehen, und der Sheriff fragt mit einem abschätzigen Blick auf mein Gefährt: »Was ist das?« Komische Frage. Schulterzucken, und da wünscht er als Nächstes tatsächlich meine Allgemeine Betriebserlaubnis zu sehen. Okay. Ich bin 13 Jahre alt, das hier ist ein Kettcar mit selbst installiertem Mopedmotor, wo soll da bitte eine Betriebsgenehmigung herkommen? »Gut, dann ab nach Hause! Und von jetzt an wird geschoben!« Aber wenn ich schiebe, springt der Motor an …

Ich ziehe den Riemen von der Riemenscheibe ab, und wir beide bewegen uns im Schritttempo Richtung väterliche Tankstelle. Es ist Mittwoch, Papa ist gerade Tennis spielen, aber eine Anzeige muss trotzdem formuliert werden, also tische ich ihm eine kleine Lüge auf und erzähle: Ich wollte das Kettcar bloß zu einer anderen Werkstatt schieben, aber versehentlich sprang die Kiste an – da bin ich eben geistesgegenwärtig aufgesprungen und so auf die Bonner Straße geraten … Na ja, damals hat man über solche Sachen gegrinst. Keiner der Beteiligten dürfte diese Anzeige ernst genommen haben, die andere Werkstatt bestätigte meine Version sogar hinterher meinem Vater gegenüber, und am Ende wurde die Anzeige fallen gelassen. Aber von Stund an durfte ich die Tankstelle mit meinem Gefährt nicht mehr verlassen. Irgendwo war auch für meinen Vater Schluss.

Aber so fing es an, mit der Tankstelle und all ihren herrlichen Möglichkeiten, zu einem ernsthaften Mitspieler in der Welt der Technik zu werden.

HANS-JÜRGEN: Und so bist du zu deinem Beruf gekommen …

HOLGER: Klar. Ich wollte auf jeden Fall Kfz-Mechaniker werden. Aber mein Vater durfte nicht ausbilden, der war gelernter Tankwart und hatte sich alles selbst beigebracht, ein richtiger Pragmatiker eben, und deshalb ging ich für ein Praktikum zu Opel. Meine nächste Station war ein Bosch-Dienst, wo ich die Lehre gemacht und viel gelernt habe, und so wurde ich Kfz-Elektriker.

Diese Lehre übrigens war eine Allround-Ausbildung. Die Firma wurde ständig umgebaut, wir Lehrlinge haben mitgeholfen, Leitungen verlegt, Mauern gebaut, und auf diese Weise habe ich alles Mögliche gelernt, was mit der Lehre selbst gar nichts zu tun hatte, sich später aber als nützlich erweisen sollte. Sicher, der Chef hat uns auch ausgenutzt – »Komm, lasse mer de Lehrlinge dat maache« – stimmt wohl, alles schön und gut, aber was wir dabei gelernt haben und seither alles machen können, ohne einen Experten hinzuziehen zu müssen …

Es war einfach eine ganz andere Zeit. Ob besser oder schlechter – das sei dahingestellt; ich kann nur sagen: Mir hat sie gutgetan. Großartig, dass man mit einem motorisierten Kettcar über die Bonner Straße fahren konnte, ohne gleich die Staatsanwaltschaft am Hals zu haben! In solchen Fällen wurde irgendwas gedeichselt, was gut war.

HANS-JÜRGEN: Wir durften uns noch die Finger verbrennen.

HOLGER: Ja, und heute heißt es: Könnte ja was passieren …
Klar, es passiert auch immer wieder was. Ich habe am ganzen Körper Narben … Aber deshalb alles unterbinden?
Deshalb allem einen Riegel vorschieben? Auf diese Art wird jegliche Entwicklung im Keim erstickt. Wir aber haben die Freiheit noch in der beschriebenen Form erlebt …
erleben dürfen.

25.
Wozu braucht ein Mensch den Führerschein?

HOLGER: Wie war's bei dir, Hans-Jürgen? Im Unterschied zu mir bist du kein Kölner, sondern Engländer …

HANS-JÜRGEN: Stimmt. Wenigstens insoweit, als ich einen britischen Pass habe und auch nur die britische Staatsangehörigkeit besitze. Mein Vater war nämlich englischer Besatzungssoldat, und meine Eltern haben sich in der Kaserne kennengelernt, wo meine Mutter in der Kantine arbeitete. Was er an ihr gefunden hat …

HOLGER: Sei froh, dass sich die beiden zusammengetan haben. Sonst würdest du heute noch in der Suppe schwimmen.

HANS-JÜRGEN: Wie dem auch sei, ich hatte eine schwere Kindheit … Nein, Unsinn. Ich hatte eine schöne Kindheit. Ich war das erste von drei Kindern. Mein Bruder kam 18 Monate nach mir zur Welt, und meine Schwester war eine Nachzüglerin. In den ersten Jahren bewohnten wir ein Mehrfamilienhaus in Übach-Palenberg, nicht weit von Jülich und Aachen entfernt. So weit ihr das möglich war, hat meine Oma tagsüber auf uns aufgepasst, weil alle anderen Erziehungsberechtigten auf der Arbeit waren.
In Übach-Palenberg gab es zwei Zechen, und mein Vater war nach seiner Entlassung aus der Armee im Kohlebergbau unter Tage beschäftigt. Ihm gefiel es in Deutschland. Zurück wollte er nie – er verdiente hier gutes Geld; seine

Brüder in England lebten bescheidener als er. Die Umgangssprache zu Hause war aber Deutsch, oder besser gesagt: Meinem Vater war es strikt verboten, mit uns Kindern Englisch zu reden. Wenn er es in der Anfangszeit doch versuchte, ging meine Oma sofort dazwischen – »Sprich anständig mit den Kindern!« Und nicht nur, dass jede englische Anwandlung meines Vaters von meiner Oma wie von meiner Mutter rigoros unterbunden wurde, die beiden Frauen korrigierten ihn auch gnadenlos bei jedem Fehler, den er im Deutschen machte – mit dem Erfolg, dass mein englischer Vater Deutsch sprach wie ein Deutscher, akzentfrei und fehlerlos. Folglich spreche ich selbst lediglich mein Schulenglisch, etwas aufgebessert durch das Englisch, das ich bei unseren häufigen Verwandtenbesuchen in England dazugelernt habe.

Uns Kindern fehlte es an nichts. Oma und Opa waren sehr spendabel, und wenn das Kettcar kaputtging, bekamen wir ein neues. Allerdings brauchten wir nicht viel, weil wir den ganzen Tag an der frischen Luft waren, wo man ungestört Unfug treiben konnte – wenn du als Kind draußen bist, hast du ja Einfälle ohne Ende. Ich liebte es zum Beispiel, Flächenbrände zu legen, ich fand es toll, wenn eine Wiese kontrolliert abbrannte. Streichhölzer gehörten also zu meiner Grundausstattung, nur – mit der Kontrolle war es so eine Sache. Einmal breitete sich unser Feuer immer weiter aus, und wenn uns andere Kinder nicht beim Löschen geholfen hätten, wäre womöglich der benachbarte Schulwald abgebrannt.

Feuer war aber immer gut, und Verluste wurden in Kauf genommen. Eines Tages, im Spätsommer, brannte ein Stoppelfeld. Ohne einen Gedanken daran, dass die verkohlten Stellen noch heiß sein könnten, lief ich barfuß ins Feld, barfuß über die Glut, und so sahen meine Fußsohlen danach auch aus. Ich auf den verbrannten Füßen nach Hause, wo alle ausgeflogen waren – bis auf meine Tante, die mich gleich auf die Couch verfrachtete und einen Notverband anlegte.

Ein anderes Mal sind wir mit unseren Eltern Äpfel pflücken gegangen. Das heißt, die Eltern pflückten, und wir Kinder trieben unterdessen Kühe von einer Weide auf die nächste. Dabei kamen wir zu einer Scheune, die uns magisch anzog. Wir entdeckten, dass man in dieser Scheune von oben runterspringen konnte, stellten unten Strohballen zusammen und stürzten uns vom Speicherboden aus in die Tiefe. Ein paarmal geht es gut, dann komme ich neben den Strohballen auf und lande auf einem Brett, aus dem ein Nagel rausguckt. Dieser Nagel bohrt sich durch den Schuh in meinen Fuß. Was macht ein Indianer in diesem Fall? Er wartet nicht auf Hilfe, er zieht sich den Pfeil eigenhändig aus der Brust. Das funktioniert auch bei mir – ich ziehe den Nagel aus meinem Fuß, laufe zu meinen Eltern, und die finden: Alles halb so schlimm, der Fuß wird später verbunden ... Und damit hatte sich die Sache. Ist dann auch problemlos verheilt.

Heute würde es heißen: Schnell zum Arzt, bevor das heilt ... Wenn ich's mir überlege – damals kannte man keine Angst. Und als Kind hat man schon gar keinen Gedanken darauf verschwendet, was alles passieren könnte.

HOLGER: Kann man so sagen. Ich zumindest bestand aus reinem Übermut. Heute weiß ich, was Angst ist, aber früher war ich unsterblich. Verletzungen ohne Ende? War mir egal, weil ich ja gar nicht sterben konnte ... Hauptsache weiter, weiter, immer weiter. Heute bin ich zwar nicht mehr besessen, aber ich bin immer noch beseelt von diesem Rendezvous mit dem nackten, stürmischen, tosenden Leben. Erst seit fünf, sechs Jahren denke ich manchmal: Es

Hoverboard

könnte früher zu Ende sein, als du willst. Aber vorher ...
Erinnerst du dich noch an das Hoverboard, das Lars eines
Tages zu den Dreharbeiten mitbrachte? Im Grunde nur
zwei Räder mit einem Brett dazwischen für den Fahrer,
sonst nichts. Ich stelle mich drauf, kurve damit durch
deine Werkstatt und schmiere in voller Fahrt ab, knalle auf
den Rücken und reiße im Fallen auch noch ein paar
Filmlampen um. Das hätte übel enden können. Seither
sage ich mir: Lass die Scheiße bitte.

HANS-JÜRGEN: Heute weiß man eben: Es geht um dein Leben.
Aber damals ... In der Nähe unseres Hauses wurden Fer-
tiggaragen angeliefert. Die hatten zwei halbkreisförmige
Aussparungen an den Seiten, wo die Achse des Tiefladers
dringesessen hatte – was uns dazu animierte, durch ein
offenes Garagentor einzudringen und durch diese Aussparungen von einer Garage in die andere zu kriechen,
nachdem sie in Reih und Glied aufgestellt worden waren.

Die Aussparungen waren allerdings zu niedrig für uns, wir mussten erst etwas Erde wegbuddeln, um durchzupassen, und einmal bin ich auf halbem Weg von der einen in die nächste Garage stecken geblieben. Ich konnte nicht mehr vor und nicht zurück, ich konnte nicht mal schreien, ich war eingeklemmt, und meine Kumpel waren gerade anderswo zugange. Mir wurde die Zeit unter diesen Umständen arg lang, dazu kam das gespenstische Halbdunkel in diesen Garagen, aber endlich fand mich einer. »Was machst du denn da unten?« – »Ich … kann … nicht … weiter.« Gut, er hat mich natürlich rausgezogen, aber diese Beklemmung hat sich mir eingebrannt. Immer dann, wenn ich mich hilflos fühle, kommt diese tierische Angst von damals zurück.

Ich hätte auch Gärtner werden können. Ich liebte Gärten – Pflanzen, Bäume, Sträucher – und hatte schon als Kind mein eigenes Beet. Aber meine Liebe zur Technik wurde mit der Zeit immer mächtiger. Mein erstes Mofa habe ich mir von meinem eigenen Geld gekauft, habe auch schon dran rumgeschraubt, aber das Ziel war natürlich ein Moped, eine Kreidler Florett. Kaum war ich 15, besaß ich auch eine Kreidler und fuhr damit herum, ohne je eine Fahrstunde gehabt zu haben. Gut, es hatte geheißen: Geh zur Fahrschule und mach die Prüfung. Also bin ich mit meinem Moped hingefahren – und bin zweimal hintereinander durchgefallen. Was soll der Quatsch, habe ich mir gedacht und keinen dritten Anlauf genommen. Aus meiner Sicht war ein Führerschein sowieso überflüssig.

Nun fordert ein Moped ständig dazu heraus, irgendetwas daran zu machen. Eines Tages hatte ich meine Kreidler komplett zerlegt, alles gesäubert und wieder zusammengebaut und wollte jetzt mit meinem Bruder zusammen eine Probefahrt machen. Seinerzeit wohnten wir schon in

Worringen bei Köln, weil mein Vater vom Bergbau zur Chemie gewechselt war und bei Bayer arbeitete. Gut, wir biegen in einen geteerten Feldweg ein – ohne auf das Verkehrszeichen zu achten, demzufolge dieser Weg für Motorräder gesperrt ist –, ich gebe Gas, und was kommt uns entgegen? Ein Motorradpolizist. »Führerschein?« – »Hab ich keinen.« – »Ja, wie?« – »Nee, brauch ich nicht.« Und den Rest kennt man aus Holgers Erzählung: Ich will das Moped wieder starten, da schüttelt er den Kopf. »O nein. Schieben!«

Meine Mutter fiel aus allen Wolken, als ein Polizist vor der Tür stand. Es kam zu einer Gerichtsverhandlung, aber mit solchen Kleinigkeiten ging man damals bekanntlich locker um – ich bekam eine kleine Geldstrafe und zwei oder drei Sozialstunden aufgebrummt. Das war zu verschmerzen, zumal ich inzwischen schon ganz andere Vergehen auf dem Kerbholz hatte.

Ich muss vorausschicken: Mein Vater war auf Autos versessen. Sein erster Wagen war ein DKW F 102, der letzte Zweitakter von Autonunion. Dessen Nachfolger wurde ein Audi 1000 S, sehr schick, noch in der alten, geschwungenen DKW-Form. Danach kam ein Audi Super 90, dann zwei Audi 100, und so ging es weiter – alle zwei Jahre musste ein neues Auto her, und immer musste es das stärkste Modell sein. Diese Leidenschaft meines Vaters ist mir natürlich alles andere als fremd. Auch ich habe ja eine Schwäche für Audi, und gerade der Audi 100 war ein wunderschönes Auto. Allein diese Technikverliebtheit, die Audi bei diesem Typ an den Tag gelegt hat! Man stelle sich vor – zunächst hatte er 112 PS, dann baute Audi seinen neuentwickelten Doppelvergaser ein, und von da an brachte es der Wagen auf 115 PS! Der ganze Aufwand für nur 3 PS mehr … Heute würde man darüber lachen.

Die Autoversessenheit meines Vaters erstreckte sich aber auch auf das Erscheinungsbild seiner Schmuckstücke. Er legte extremen Wert auf Fahrzeugpflege. Selbst für kürzere Fahrten hätte er sich nie in ein dreckiges Auto gesetzt. Die Leidenschaft für gut gewaschene und schlierenfrei polierte Autos habe ich von ihm geerbt – Werterhaltung, nenne ich das. Auch meine Schwester würde sich nie in ein dreckiges Auto setzen; man kann hier also durchaus von einer Familientradition sprechen. Deshalb regt es mich so auf, wenn meine Jungs in der Werkstatt gar nicht mitkriegen, welche Wolkengebilde sie beim Polieren auf dem Lack hinterlassen. Und jetzt zu meinem Sündenregister.

Mein Vater war auf Nachtschicht, meine Mutter saß im Wohnzimmer vor dem Fernseher. Eigentlich sollten mein Bruder und ich im Bett liegen. Taten wir auch. Aber dann … Wir sind wieder aufgestanden, haben uns leise angezogen, sind die Treppe runtergeschlichen, haben den Wagenschlüssel vorsichtig vom Schlüsselbrett genommen und die Haustür nicht nur aufgeschlossen, sondern hinter uns auch wieder abgeschlossen, ohne dass man irgendetwas gehört hätte. Dann völlig geräuschlos in die Garage, das Garagentor geöffnet und mit Vaters Audi in die Nacht gefahren. Das Motoranlassen war das Einzige, was man gehört haben könnte, aber dieses Geräusch machen andere Autos auch, das musste keinen Verdacht erregen.

Solche nächtlichen Spritztouren habe ich mit 15, 16 Jahren einige Male unternommen, und wir waren durchaus schnell unterwegs. Einmal will ich wenden, setze zurück, übersehe einen Laternenmast, und es macht rums … Der Audi hat eine Markierung genau in der Mitte des Kofferraums, auch die Stoßstange ist eingedrückt. Wie sage ich es meinem Vater? Wenn er von unseren Spritztouren erfährt, bringt er mich um; eine halbwegs akzeptable Lüge muss

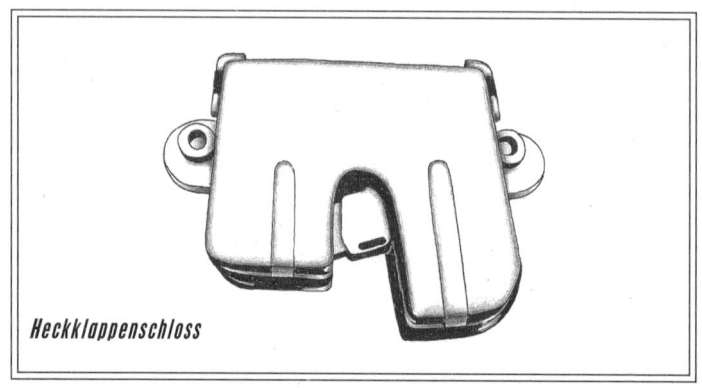
Heckklappenschloss

her. Als er am Morgen von der Arbeit kommt, erkläre ich ihm zerknirscht: »Papa, es ist was passiert. Ich wollte auf dem Parkplatz eine Radiokonsole einbauen und bin dabei rückwärts gegen eine Laterne gefahren.« – »Aha«, sagt er, ohne eine Miene zu verziehen. »Jetzt müssen wir das nur noch deiner Mutter beibringen.« Im Klartext heißt das: Mach dir keine Sorgen, ich stehe auf deiner Seite ... Den Schaden musste ich allerdings aus der eigenen Tasche bezahlen.

Jahre später habe ich ihm die Wahrheit gebeichtet. Einzige Reaktion: »Das war mir klar.« Für solche Sachen hatte er sowieso einen Riecher; mein Vater war nicht zufällig bei der britischen Militärpolizei gewesen, der war schon ein scharfer Hund. Trotzdem – auf die Idee, am nächsten Morgen die Tankuhr zu kontrollieren, ist er nie gekommen. Die Vorstellung, dass seine Söhne nachts mit Papas Audi herumfahren, erschien ihm wohl doch zu abwegig. Und dann prallte ein Kumpel von uns eines Nachts mit dem Wagen seines Vaters bei einer heimlichen Spritztour gegen eine Wand und verunglückte tödlich. Dieser Tod ging uns durch Mark und Bein. Fortan blieben wir brav im Bett liegen, aber man sieht daran, dass wir nicht die Einzigen waren, die im Schutz der Dunkelheit mit dem Auto ihres Vaters unterwegs waren.

Den Traum vom Autofahren habe ich jedenfalls schon früh geträumt. Selbst am Steuer sitzen, selbst Gas geben, selbst spüren, dass die Kraft unter der Motorhaube einem gehorcht ... und damit warten müssen, bis man 18 ist? Das ging einfach nicht. Wir Jungs scheinen mit diesem speziellen Auto-Gen schon auf die Welt gekommen zu sein. Als es dann so weit war, habe ich natürlich ganz korrekt meinen Führerschein gemacht – vier Fahrstunden, und ich hatte ihn in der Tasche. War vielleicht doch besser so ...

26.
Großartig chaotisch – unsere Lehrjahre

HOLGER: Ich bin schon mit zehn Jahren auf dem Gelände unserer Tankstelle Auto gefahren. In diesem Alter Autos umsetzen, das war normal. Streng genommen hätte das Gelände mit Ketten abgesperrt sein müssen, aber solche Vorschriften haben ja damals keinen Menschen interessiert.

HANS-JÜRGEN: Wenn du heute einen Auszubildenden hast, lässt du ihn ohne Führerschein nicht fahren. Als ich in die Lehre kam, wurde ich vom Chef gefragt: »Kannst du Auto fahren? Ja? Dann zeig mal …« – und prompt durfte ich auf dem Firmengelände rangieren und einparken.

HOLGER: Damit sind wir bei deiner Lehre …

HANS-JÜRGEN: … und die ist mir praktisch in den Schoß gefallen. Ich wusste nämlich anfangs gar nicht, was ich werden wollte. Raumausstatter? Oder Starkstromelektriker? Vielleicht doch eher Kfz-Elektriker? Als Starkstromelektriker hätte man hohe Masten erklimmen müssen, dieses Berufsziel ließ ich deshalb gleich wieder fallen … Dann stehe ich eines Tages mit einem Kumpel vor dem Schaufenster eines Autohauses in Dormagen, wir träumen – wieder einmal – von Autos, da kommt der Inhaber heraus. »Interessiert ihr euch für Autos?« – »Ja, schon …« – »Wollt ihr keine Lehre bei mir machen?« – »Ja, warum nicht …« – »Dann kommt mal rein.« Damit stand fest: Es läuft auf Kfz-Elektriker hinaus. Zwei Monate habe ich dort gearbeitet, dann bin ich zu einem Betrieb in der Kölner Innenstadt gewechselt, weil das Dormagener Autohaus gar keine Kfz-Elektriker ausbilden durfte. Aber die neue Werkstatt im Severinsviertel war eine Bruchbude. Ein rumpelndes Eisentor, eine baufällige Betriebshalle, das Ganze eine halbe Ruine, vom Krieg übrig geblieben – die konnte man eigentlich nur abreißen. Na gut, habe ich gedacht, bevor du gar nichts hast … Und gleich am zweiten Tag ging's mit den Überstunden los. Ich war genau zur richtigen Zeit gekommen, denn das Gebäude wurde tatsächlich abgerissen, um ein neues an seine Stelle zu setzen, und dabei durften wir Lehrlinge mithelfen.

Wir mussten nicht, wir durften! Stahlträger aufbauen, Fliesen kleben, Mauern hochziehen – alles nach der Arbeitszeit, manchmal aber auch schon tagsüber, und dann liefen die verschiedenen Tätigkeiten parallel ab: Die einen reparierten Autos, die anderen rissen unterdessen Wände ein, ein abenteuerliches Durcheinander.

HOLGER: Das steht nicht im Berufsbildungsplan, würde es heute heißen.

HANS-JÜRGEN: Klar. Aber ich fand's großartig. Wieder abends länger machen, wieder Überstunden einlegen, wieder Überstundengeld kassieren – 15 DM die Stunde –, und so habe ich mauern gelernt, verputzen gelernt, Leitungen verlegen gelernt, eben alles, was auf einer Baustelle an Arbeit anfällt. Und wenn mir meine Kinder heute mitteilen: »Papa, hier im Badezimmer müsste was gemacht werden …«, dann kann ich das, dann weiß ich, wie's geht. Aber unser Chef war so frei, uns auch zu völlig anderen Tätigkeiten heranzuziehen. Er hatte eine Motorjacht auf dem Rhein, die wollte er an Land holen, und da haben wir das Schiff mit vereinten Kräften aus dem Wasser gehievt und vom Rheinhafen in die Firma transportiert und auf Pflöcke gesetzt, bevor es ans Lackabkratzen und Schleifen und Lackieren ging. Zum Abkratzen haben wir die halbrunde Seite von Glasscherben genommen ... durften nach getaner Tat aber auch unseren Chef sonntags auf seinen Fahrten rheinauf, rheinab im Motorboot begleiten.

Der Rest ist schnell erzählt. Die Gesellenprüfung habe ich bestanden, ohne groß zu büffeln; ich war mir meiner Sache sicher, der Erfolg flog mir zu. Es folgte die erste Meisterprüfung, zwei Jahre später die zweite, zum Elektrikermeister, und 1982 hatte mein alter Chef die brillante Idee, mich mit ins Geschäft zu nehmen und was Gemeinsames auf die Beine zu stellen. Also gingen wir daran, uns im Süden von Köln etwas Neues aufzubauen, und jetzt zahlte sich aus, dass der Betriebsbildungsplan während meiner Lehrzeit keine Rolle gespielt hatte: Wir haben den Bau des kompletten Gebäudes allein gestemmt, weshalb ich heute vom kleinsten Schräubchen weiß, wo es sitzt.

Kurz und gut – ich war immer eher praxisorientiert. Ich habe meine Erkenntnisse immer durch praktische Arbeit gewonnen. Und wenn ich heute vor einer Aufgabe stehe, von der ich nicht genau weiß, wie ich sie angehen soll, dann sage ich mir: Du weißt es NOCH nicht. Aber hinterher wirst du es wissen ...

Und jetzt du, Holger.

HOLGER: Okay. Mich juckt's in den Fingern, mal wieder zu reparieren, deshalb will ich von meinem ekelhaften Werkstattleiter erzählen. Nach Lehre und Bundeswehr habe ich nämlich meine ersten Berufserfahrungen in einer Ford-Niederlassung gemacht – und bin dort zum ersten Mal im Leben an meine Grenzen gestoßen. Wenn du Kollegen hast, die einen jungen Mann wie mich als Konkurrenten betrachten, ist es schon bitter genug, aber wenn der

Werkstattmeister dann auch noch ein wahrhafter Kotz-brocken ist … Ein Jahr lang habe ich mich richtig durch-beißen müssen, bevor mich die anderen Mechaniker akzeptierten, wobei ich eigentlich gut mit Menschen zu-rechtkomme.

Jedenfalls, der Werkstattleiter der Elektrikabteilung und die Gesellen waren eine verschworene Bande; die ließen mich ein ums andere Mal auflaufen. Jetzt kam es in dieser Zeit zu einer großen Rückrufaktion – alle Ford Skorpios sollten neue Tachometer erhalten. Dieser Austausch ging so vonstatten: Jeder neue Tacho wurde zunächst zum Her-steller VDO gebracht und dort eingestellt, weil er den ak-tuellen Kilometerstand des alten Tachos aufweisen musste, bevor wir ihn einbauen konnten. Für den Aus- und Ein-bau der Tachos bei uns waren 1,5 Stunden vorgesehen, und VDO nahm für jeden Tacho 50 DM – das war also eine recht kostspielige Angelegenheit.

Eines Abends habe ich einen Tacho mit nach Hause ge-nommen, auseinandergeschraubt und festgestellt: Ist doch ganz einfach! Den Kilometerstand kann ich auch selbst einstellen, dafür brauchen wir die Dinger gar nicht zu VDO zu bringen! Anderntags kommt der nächste Skorpio rein. »Bau den Tacho schon mal aus und bring …« – »Nee, nicht nötig, kann ich selber machen.« – »Wie, selber ma-chen?« – »Ja, ich weiß, wie's geht.« – »So ein Quatsch!«

Stur, wie ich bin, nehme ich mir den Tacho vor, stelle den Kilometerstand ein und bin in drei Minuten damit fertig. »Hier, können wir einbauen.« – »Zeig mir mal, wie du das machst.« – »Nö, tu ich nicht.« Na gut, haben sie mich machen lassen, und von jetzt an ging jeder Tacho durch meine Hände. Pro Tacho durfte ich eine halbe Stunde ab-rechnen, und bei drei Stück am Tag waren schon wieder anderthalb Stunden auf meinem Konto. Dieses Kunststück fanden sie nun doch einigermaßen beeindruckend, und irgendwann habe ich die günstige Gelegenheit genutzt und den Kollegen die Meinung gesagt: »Ich finde nicht fair, wie ihr mich behandelt. Jetzt drehe ich den Spieß um und zeige euch nicht, wie's geht. Wir können aber auch sagen: Jetzt ist mal gut mit den Schikanen, von nun an wird hier keiner mehr fertiggemacht … Jungs, ich bin kein Supermann. Ich will einfach nur lernen.«

HANS-JÜRGEN: Kenne ich. Ich habe zeitweilig beim Bosch-Dienst in Aachen gearbeitet, und der Werkstattleiter dort konnte mich nicht leiden – ich war ihm zu schnell. Einmal schickt er mich zu Mercedes, wo ich einen Kabelstrang beim Transporter austauschen soll, und zwei Stunden später bin ich zurück. »Was machst du denn hier?« – »Alles erledigt.« – »Nee, so geht das nicht. Dafür werden acht Stunden veranschlagt.« – »Ich bin aber fertig. Der Wagen ist vom Werkstattleiter abgenommen.« – »Kann nicht sein.« So ging es die ganze Zeit, aber Rumbummeln war nicht mein Stil. Also, der mochte mich nicht und ich ihn auch nicht.

HOLGER: Wird manchem so ergangen sein. Klar, du kommst aus der Ausbildung, und in der Niederlassung wissen sie natürlich ganz genau, wo es bei Ford hapert – da ist es ein Leichtes, dich auflaufen zu lassen. Mich hat diese Rück-rufaktion gerettet. Es musste ja wahnsinnig viel umgerüs-tet werden, und dann kam einer nach dem anderen an: »Hör mal, kannst du mir mal eben den Tacho einstel-len?« – »Klar, kein Problem.« Unter der Bühne wurde wei-tergearbeitet, und ich habe mich oben ins Auto gesetzt – Tacho raus, ruck, zuck eingestellt, Tacho rein –, und nach fünf Minuten hatte ich wieder eine halbe Stunde mehr auf der Uhr … War anfangs eine harte Zeit, aber ich habe viel gelernt, vor allem den Umgang mit Menschen.

HANS-JÜRGEN: Mitleid ist umsonst, Missgunst will erarbeitet sein.

HOLGER: Das stellt man immer wieder fest … So, und nach diesen zwei Jahren bei Ford hat mein Vater die Tankstelle aufgegeben. Damals wurde auf Selbstbedienung umgestellt, und da lohnte es sich nicht mehr für ihn. Danach hat er in der Schreinerei meines Onkels Autos und Maschinen instand gesetzt, und ich bin zur Meisterschule gegangen. Zwei Jahre später schlug dann eine Schicksalsstunde. Ich komme abends ins Wohnzimmer, wo Mama und Papa sitzen, und zeige stolz meinen Meisterbrief in die Runde. Jetzt muss gefeiert werden, Papa entkorkt eine Flasche Champagner, und im Lauf des Abends rückt er mit einem Vorschlag heraus, den er sich wahrscheinlich längst in seinem Hinterkopf zurechtgelegt hatte: »Wollen wir nicht was gemeinsam machen?« Mir war's recht. Gemeinsam einen Neuanfang wagen, eine Superidee. Ein halbes Jahr später wurden wir auf unserer Suche nach einer Werkstatt fündig. Es war eine kleine Werkstatt, nur 160 Quadratmeter Hallenfläche, aber für den Anfang genau das Richtige, und mit einem Mal führten Mama, Papa und Holger einen Familienbetrieb. Für Holger gab's sogar eine Einliegerwohnung.

Ausbilden durfte ich mit meinen 22 Jahren noch nicht, aber kühne Träume ließen sich schon jetzt verwirklichen. Und so habe ich als Erstes einen Motor-Diagnosetester für 40 000 DM angeschafft, ein riesengroßes Teil, der Mercedes unter den Testern, nämlich ein Sun MCS 2000 mit digitalen Displays – der machte in der kleinen Werkstatt richtig was her. Mein Vater war von dieser Idee zunächst wenig angetan gewesen. »Muss das sein?«, hatte er mich stirnrunzelnd gefragt. Aber ich war mir meiner Sache sicher. »Ja, Papa, das muss sein. Ohne dieses Teil brauchen wir erst gar nicht anzufangen, da werden wir nie wirklich groß …«

Und mit der Zeit wuchs unser Unternehmen tatsächlich. Der erste Mitarbeiter kam dazu, dann ging es mit der Lehrlingsausbildung los, und irgendwann erfuhr ich, dass der Besitzer meiner jetzigen Werkstatt keine Lust mehr hatte. »Willst du das Ding nicht haben?«, fragte er mich. Und ob ich wollte! Klar, 80 Prozent des Inventars habe ich hinterher weggeschmissen, aber es ging mir um den Standort, und genau deshalb war es die richtige Entscheidung.

Heute sind wir elf Leute, und mein Vater mischt mit seinen 83 Jahren immer noch in der Werkstatt mit. Er verdient auf diese Art etwas Geld, aber das ist gar nicht ausschlaggebend. Meine Söhne sind mittlerweile ebenfalls in meine Firma eingetreten, und mein Vater ist einfach gerne den ganzen Tag mit uns zusammen. Verständlich, nach all den wilden gemeinsamen Jahren.

27.
Ein Puma in Holland

HANS-JÜRGEN: Damit sind wir am Ende unserer Rückschau. Den Rest hatten wir schon: Eines Tages ruft die Innung an, und die Autodoktoren erblicken das Licht der Welt.

HOLGER: Und was machen die Autodoktoren jetzt? Gehen sie zurück in die Werkstatt?

HANS-JÜRGEN: Nein. Jedenfalls nicht, bevor dieses Buch aus ist. Lass uns bis dahin draußen bleiben, auf der freien Wildbahn, wo wir uns sowieso am wohlsten fühlen.

HOLGER: Mit freier Wildbahn meinst du Autobahnrastplätze, Garageneinfahrten, Campingplätze, Straßenränder, mit einem Wort: unsere Außendrehs? Stundenlang auf dem Straßenpflaster unterm Auto liegen und hinterher zum Grillen eingeladen werden?

HANS-JÜRGEN: Genau. Länder, Menschen, Abenteuer. Reisen und Reparieren und Improvisieren – Entfernungen spielen keine Rolle. Mobiles Pannenkommando, aber ohne den Stress einer Orient-Rallye.

HOLGER: Gut. Das Beste soll man sich bis zum Schluss aufheben, und nichts kommt unseren wilden Neigungen so entgegen wie die Außendrehs. Zumindest, was unser Berufsleben angeht. Wie sind wir überhaupt darauf gekommen?

HANS-JÜRGEN: Es war Lars' Idee. Nach drei Jahren Autodoktoren kam er an und sagte: »Sollen wir nicht mal was anderes machen?« Dann hat er den Sender gefragt, ob man dort –

nach all den Acht-Minuten-Filmen – zur Abwechslung an einem Ein-Stunden-Film interessiert wäre. Das hätte natürlich einen enormen Aufwand bedeutet, zwei bis drei Wochen Dreharbeiten bestimmt. Es hatte sich aber schon gezeigt, dass das Zusammenspiel zwischen Holger und mir glänzend funktionierte, und Lars ging davon aus, dass uns eine Woche Drehzeit reichen würde.

HOLGER: Eine andere Überlegung war: Mal sieben Tage hintereinander gemeinsam abrocken – inklusive Kameramann, der fest zum Team gehört – und gucken, ob es der Freundschaft guttut. Wir wären dann ja nicht nur tagsüber bei den Dreharbeiten zusammen, wir würden auch abends zusammenhocken, beim Abendessen und vor allem hinterher … Womit wir nicht gerechnet hatten: dass sich diese gemeinsame Woche als ein einziger, endloser, beinahe pausenloser Dreh herausstellen sollte. Als es losging, haben wir tatsächlich bis tief in die Nacht hinein gearbeitet, nämlich so lange, bis wir mit Reparieren fertig oder schlichtweg am Ende unserer Kräfte waren. Ich kann jetzt schon sagen, dass wir bei Außendrehs oft an unsere Grenzen und darüber hinaus gegangen sind.

Dabei sind wir eigentlich auf alle Eventualitäten vorbereitet. Wir haben immer unsere Wohnmobil dabei, fallen einfach irgendwann in die Betten und machen am nächsten Morgen gleich weiter. Das heißt aber auch, dass wir aus unserer Autodoktoren-Kluft kaum rauskommen. Einmal übrigens haben Hans-Jürgen und ich unsere Doktoren-T-Shirts aus Jux und Dollerei getauscht. Morgens begegnen wir uns vor dem Wohnmobil – Hans-Jürgen im gelben, ich im blauen T-Shirt –, gucken uns an und wenden uns im selben Moment weinend ab. Nein, es geht einfach nicht.

HANS-JÜRGEN: Ja, grausam … Aber Tatsache ist: Viele Geschichten, die wir als mobiles Pannenkommando erlebt haben, bleiben im Kopf haften, weil es krasse Fälle waren, weil sie uns Kopfzerbrechen bereiteten, weil sie bis an die Schmerzgrenze gingen. Damit ist schon klar, dass der Sender seinerzeit auf Lars' Idee eingegangen ist, und so kann es gleich losgehen mit unserer ersten Autodoktoren-Tournee durch die Republik im Jahr 2010.

HOLGER: Vorsicht, Hans-Jürgen. Unsere erste Reise ging nach Holland. Wir wollen die beiden Länder schön auseinanderhalten. Jedenfalls war uns zu Ohren gekommen: Auf einem Campingplatz in Holland steht ein Fahrzeug, das merkwürdige Geräusche macht. Da wird der Autodoktor natürlich hellhörig und macht sich gleich auf den Weg.

HANS-JÜRGEN: Wir kamen allerdings nicht weit. In Frechen bei Köln war gleich wieder Schluss. Wir hatten nämlich unsere Zahnbürsten vergessen und uns auf der Autobahnraststätte Frechen welche besorgt, und wie wir über den Parkplatz schlendern, spricht uns jemand an – als Autodoktoren sind wir ja leicht zu erkennen.

HOLGER: Womit Hans-Jürgen sagen will: Nach nur drei Jahren Fernsehen waren die Autodoktoren schon ein Begriff. Nun gut, der Mann steht ratlos vor seinem Mercedes, kommt auf uns zu und klagt uns sein Leid: Der Wagen springt bei warmem Motor nicht mehr an. Wir schauen genauer hin, da handelt es sich um einen 190er mit 2,2-Liter-Motor und sechs Zylindern – ein Brabus, also getunt und mit fetten Felgen aufgemöbelt. Okay, wir haben Ahnung von solchen Motoren, wir haben eine Woche Zeit, fangen wir doch gleich an.

Es war kein Vergnügen. Seither rate ich von Spontanreparaturen auf Autobahnparkplätzen ab. Bis dahin hatte ich nämlich nicht gewusst, wie viele Zigarettenkippen auf einem solchen Parkplatz landen, und jetzt lag ich unter dem Auto in Dreck und Gestank und kämpfte gegen den Ekel an. Und ich lag lange dort. Weil wir zunächst das Rückschlagventil in Verdacht hatten, haben wir in Frechen ein neues besorgt, aber nach dem Einbau keine Veränderung festgestellt, also blieb nur noch der Druckspeicher übrig. An den ist aber schlecht ranzukommen. Dafür muss man unter dem Auto auf dem Rücken liegend die Kraftstoffleitungen lösen, dabei spritzt einem Benzin ins Gesicht, und anschließend stank ich nicht bloß nach kalten Zigaretten.

HANS-JÜRGEN: Es war jedenfalls ein anspruchsvolles Auto. Wir haben es tatsächlich auf diesem Rastplatz wieder flottgekriegt, haben einen neuen Druckspeicher bei Mercedes in Frechen besorgt und eingebaut, aber die ganze Veranstaltung dauerte bis spät in die Nacht. Wir haben an diesem ersten Tag unsere Reise also gar nicht fortgesetzt, sondern an Ort und Stelle im Wohnmobil geschlafen und sind erst am nächsten Morgen nach Holland weitergefahren, wo uns auf besagtem Campingplatz ein Ford Puma erwartete.

HOLGER: Diesmal waren unserer Klienten zwei junge Frauen auf Urlaubsreise. Sie hatten sich sonntags unsere Sendung mit unserem Aufruf angeschaut und sich umgehend an den Sender gewendet; jetzt trafen wir sie vor ihrem kleinen Zelt sitzend an. Und ihr Puma war nicht ohne. Wir sind ordentlich ins Schwitzen gekommen. Irgendwas stimmte mit der Zahnriemensteuerung nicht – der Zahnriemen flatterte, auch die Umlenkrolle war kaputt, und jetzt hieß es, auf einem Campingplatz einen Zahnriemen zu wechseln.

HANS-JÜRGEN: Eine knifflige Sache. Vor allem deshalb, weil wir auch von unten an den Motor dran mussten, was sich auf dem unebenen Gelände des Campingplatzes als unmöglich herausstellte. Was tun? Ganz einfach: Den Campingplatzbetreiber um einen Gabelstapler bitten! Der Mann sprach nur Holländisch, den Gabelstapler bekamen wir aber trotzdem, und jetzt zeigte sich: Der Boden war nicht nur uneben, er war auch weich; eine feuchte Wiese, in die der Gabelstapler mit seiner Last von 1,5 Tonnen mit seinen kleinen Vorderrädern immer tiefer einsank. Die ganze Angelegenheit war jetzt so wackelig, dass sich keiner von uns beiden drunterlegen wollte.

HOLGER: Von Spontanreparaturen auf Campingplätzen rate ich seither ab – es sei denn, man weiß sich zu helfen. Wir haben nämlich den Chef des Campingplatzes ein weiteres Mal eingespannt und ihn um Balken gebeten. Der Mann hat sich auch diesmal wieder bewährt, und schließlich ist es uns gelungen, den Puma mit diesen Balken halbwegs stabil in der Schwebe zu halten. Gut, irgendwann war der Zahnriemen getauscht …

HANS-JÜRGEN: … und die Spannrolle ausgewechselt und der ganze andere Kram erledigt – wie gesagt, kein leichter Fall, aber das Schönste kam noch, nämlich die traute abendliche Runde vor dem kleinen Zelt und der Holzkohlegrill und die Würstchen. Das ist ein Gefühl, nach getaner Tat noch beisammenzusitzen! – was in unserem Fall ja zweierlei bedeutet: Das Auto ist repariert, und der Kameramann hat schöne Bilder im Kasten. An diesem Abend haben wir obendrein Bekanntschaft mit Genever gemacht, ein paar Bier dazu getrunken und bald festgestellt, dass man von dieser Kombination lustig wird.

Der erste Außendreh war überhaupt ein voller Erfolg. Wir haben in dieser Woche sehr viel Spaß gehabt und konnten auch mit unserer Arbeit zufrieden sein. Unser Anspruch ist ja, ein Auto wieder ans Laufen zu bringen, das heißt aber auch: Solange der Fehler nicht gefunden und beseitigt ist, gibt es kein Würstchen und kein Bier.

HOLGER: Dazu kam, dass die ganze Mechanik bei diesem Puma richtig festsaß. Da klemmte alles. Wir mussten die Riemenscheibe mit Hammer und Meißel runterknüppeln. Hans-Jürgen war am Drücken, ich war am Hämmern, und ein Scheitern lag in der Luft. Oder vorher … Du stehst da und sagst dir: Okay, wir müssen dieses Auto jetzt hochheben, wir können den nicht auf dieser Wiese instand setzen, aber – wie soll das gehen, hier, auf einem Campingplatz? Gar nicht zu machen … Kurz vor dem Aufgeben aber kommt einem von uns die Idee: Wie wär's mit einem Gabelstapler? Ich glaube, Lars hatte die Idee, weil er das Ding zuvor in der Scheune gesehen hatte. Aber auf jeden Fall: Schon bist du wieder auf 100 Prozent. Eben noch völlig entmutigt, im nächsten Moment Feuer und Flamme, das liebe ich. Dann kommt das nächste Problem – wir kriegen die Scheibe nicht los, und schon sackt dir das Herz wieder in die Hose, bis Hans-Jürgen mit einem Mal sagt: Komm, lass mich mal machen … und rums, ist die Scheibe ab! Sofort bist du wieder bei Laune.

Dieses beständige Auf und Ab der Emotionen, diese brutale Aneinanderreihung von Enttäuschung, von Verzweiflung und innerem Jubel und Siegesgewissheit – das ist die Würze der Außendrehs. Du bist gezwungen zu improvisieren, und jetzt reichen Wissen und Erfahrung nicht aus, jetzt sind Fantasie und Einfallsreichtum und schnelle Kombinationsgabe gefragt, jetzt arbeitet dein Grips auf Hochtouren, und am Ende hast du's geschafft. Gerade eben warst du noch von der Unmöglichkeit überzeugt, im nächsten Augenblick eröffnet sich plötzlich ein Ausweg, und so folgt ein kleiner Triumph auf den nächsten – einfach toll! Emotional wirst du durch den Wolf gedreht, und nebenbei machst du die Erfahrung: Eine Lösung gibt es immer. Fast immer. Du siehst sie gerade nicht, sie versteckt sich noch hinter einer Nebelwand, aber sie existiert, und jetzt gibt es nur eins: unerschütterlich dran glauben! Nur ja nicht die Flinte ins Korn werfen!

Der Augenblick der Erleuchtung ist jedenfalls ein unglaublicher Moment. Es kommt ja vieles zusammen, was dich motiviert, wenn du kurz vor dem Scheitern stehst. Für uns ist es Ehrensache, nicht aufzugeben. Es ist unser Ehrgeiz, unseren Job gut zu machen. Dazu kommt die Befürchtung, unser Ansehen als Autodoktoren könnte Schaden nehmen, weil wir doch diejenigen sind, die jeden Fehler finden und jeden Defekt beseitigen, sodass die Latte ständig extrem hoch liegt. Aber diesen Anspruch haben nicht nur unsere Fans und Zuschauer an uns, daran messen wir uns auch selbst.

HANS-JÜRGEN: Wir sind zwar auf alles vorbereitet, aber wir wissen nie, was uns erwartet. Für Außendrehs gibt es kein Drehbuch, keine Gebrauchsanweisung, keinen Plan. Wir setzen uns dem Zufall aus, und im Vergleich zur Arbeit in der Werkstatt sind diese Ausflüge in die Republik das reine Abenteuer.

HOLGER: Natürlich. Weil wir in der Werkstatt viel mehr Möglichkeiten haben. Unterwegs führen wir zwar die Werkzeugkiste mit, sind aber oft auf Hilfe angewiesen. Wie oft haben wir uns nicht schon bei fremden Werkstätten Werkzeug ausgeliehen! Oder wir marschieren bei den Kollegen rein und sagen: »Können wir mal eure Bühne haben?« Und da uns die meisten mögen, heißt es dann in der Regel: »Klar, kommt her, wir helfen euch.« Manchmal besorgen sie uns sogar Ersatzteile über Nacht …

Doch wie gesagt: Wenn sich wider Erwarten ein neuer Weg vor uns auftut, wenn am Ende alle Widrigkeiten besiegt und alle Probleme gelöst sind, dann fühlt man sich rundum gut. Die Niedergeschlagenheit aber gehört dazu. Das Pendel muss schwingen, es muss sehr weit in beide Richtungen ausschwingen, damit wir Würstchen und Bier anschließend in aufgeräumter Stimmung genießen können.

HANS-JÜRGEN: Und was passierte? Wir erreichten eine sensationelle Zuschauerquote!

HOLGER: Unser Film hatte sogar die höchste Einschaltquote, die VOX auf diesem Sendeplatz jemals registriert hat. Das war einfach ein toller Erfolg!

28.
... und im Hintergrund 'ne Karawane

HANS-JÜRGEN: So ging's mit den Außendrehs los. Natürlich haben wir weitergemacht. Auch deshalb, weil unser Kameramann Darius draußen im wahren Leben endlich auf seine Kosten kam. In der Werkstatt kocht er ja künstlerisch ständig auf Sparflamme.

HOLGER: Genau. So ein Kameramann hat ja seine Traumeinstellungen im Kopf, nach dem Motto: Im Vordergrund sind Holger und Hans-Jürgen am Schrauben, und im Hintergrund zieht gleichzeitig eine schwer beladene Karawane aus fünfzig Kamelen vorbei ... Bei uns in Holland war es leider keine Karawane, aber immerhin eine Gruppe von Reiterinnen mit ihren Pferden – Holland eben. In dieser Reisewoche entstehen jedenfalls Bilder, die so schön sind, dass man sie für inszeniert halten würde. Es ist aber alles Zufall, alles Gunst des Augenblicks. Deshalb kommt es auch für unseren Kameramann ständig zu Glücksmomenten.

Allerdings hat der Kameramann gelegentlich auch in der Werkstatt Grund zum Jubeln. Erinnere dich bitte, Hans-Jürgen – wir fahren ein Auto aus meiner Halle, da kommt uns in der Einfahrt jemand mit einem pinkfarbenen Tuktuk entgegen, ein Typ mit Frack und Zylinder. Wir trauen unseren Augen nicht. Darius fragt auch noch: »Soll ich das aufnehmen?« – »Ja, selbstverständlich, das glaubt uns doch keiner!«, antwortet Lars. Das Tuktuk qualmt und knattert, es hat sich nur mit letzter Kraft zu uns gerettet, und jetzt erfahren wir auch den Grund seines Erscheinens: An der letzten Tankstelle haben sie dem befrackten Typ aus Versehen Diesel in den Tank geschüttet –, ob wir ihm helfen könnten? Und während wir seinen Tank ausbauen, die Dieselbrühe auskippen und Benzin einfüllen, zeigt er uns ein paar Zaubertricks. Da war dieser Mensch auf dem Weg zu einer Party, und wir hatten das Vergnügen, ihm noch rechtzeitig zu seinem Auftritt zu verhelfen! Die ganze Nummer wurde gefilmt und gesendet, und hinterher hieß es natürlich: »War doch niemals Zufall. Den habt ihr bestellt.«

HANS-JÜRGEN: Genauso großartig war dieser Jogger in Badehose.

HOLGER: Richtig. Wir drehen am Rand eines Felds, da läuft im Hintergrund ein Mensch mit nacktem Oberkörper, dicker Wampe, Brille, Kopfhörer und Badehose durchs Bild. Den Pulsmesser über der massigen Brust nicht zu vergessen. Und läuft wie aufgezogen, kerzengerade und eckig wie ein Paradepferd – als wären wir plötzlich in eine italienische Filmklamotte mit Adriano Celentano aus den 70er-Jahren geraten. Ein Kamel hätte nicht skurriler wirken können.

HANS-JÜRGEN: Bestellt hatten wir ihn nicht.

HOLGER: Das ist dann was fürs Auge. Aber zurück zu unseren Außendrehs. Bei denen rührt die Dramatik in erster Linie daher, dass wir keine Ahnung haben, was auf uns zukommt. Bei den Fahrzeugen, die wir in der Werkstatt vor der Kamera reparieren, wissen wir vorher schon in etwa, in welche Richtung es geht, sodass wir die nötigen Ersatzteile vorab besorgen können – andernfalls würden wir abends bei den Dreharbeiten ohne Ersatzteile dastehen. Wenn wir das Auto vorher in Augenschein genommen haben, sind wir auf jeden Fall entspannter.

Unterwegs aber kann es passieren, dass du eine kaputte Pumpe austauschen musst, aber keine Ahnung hast, wo auf die Schnelle eine neue herkommen soll. Oft fahren wir dann zur nächsten Filiale des Großhändlers, an den wir angeschlossen sind, besorgen uns die Pumpe dort und brauchen sie nicht einmal gleich zu bezahlen. In jedem Fall bringen diese Unwägbarkeiten zusätzliche Dramatik ins Geschehen – ganz abgesehen davon, dass ein Auto manchmal partout nicht repariert werden will. Wie dieser hinterhältige VW Tiguan, mit dem wir es auf unserer Ostfrieslandreise zu tun bekamen.

HANS-JÜRGEN: Ja, der … Sein Besitzer hatte sich nach unserem Aufruf bei uns gemeldet. Aus seinen Angaben konnten wir uns kein Bild von dem Defekt machen. Das ist nichts Ungewöhnliches – auf jeden Fall ungewöhnlich aber war, dass wir den Fehler um 22 Uhr immer noch nicht gefunden hatten.

HOLGER: Inzwischen hatten wir schon zwölf Stunden lang gesucht, gebastelt und geschraubt. Hatten an einem Feldrand im Dreck gelegen, hatten eine neue Hochdruckpumpe für 1000 Euro eingesetzt und wieder ausgebaut, hatten uns eine komplizierte Vorrichtung aus Schläuchen und einem Eimer ausgedacht, mit der wir mit Vollgas über die Feldwege gestocht waren, um den Kraftstoffaustritt aus den Einspritzdüsen zu überprüfen, hatten immer wieder längere Phasen des Grübelns eingelegt, aber die Erleuchtung war ausgeblieben, der Wagen bockte weiterhin. Wir sind ja immer auf Schlimmes gefasst, aber dass es so schlimm kommen würde … Es gibt eine Aufnahme, wo man uns wie zwei Häufchen Elend vor besagtem Tiguan auf dem Boden sitzen sieht, Hans-Jürgen schaut mich an, ich schaue ihn an, und jeder Betrachter weiß, was wir in diesem Augenblick denken: Scheiße, so doof sind wir doch nicht! Warum kommen wir diesem Auto nicht auf die Schliche?

Lag's an unserem begrenzten Equipment? Lag's an der undurchschaubaren Reparaturgeschichte eines Autos, das vorher schon durch fünf andere Werkstätten gegangen war? Trotzdem, so etwas durfte uns nicht passieren. Schon gar nicht, wenn wir am nächsten Morgen in aller Frühe nach Norderney übersetzen müssen. Und der Film fertig werden muss. Und unser Ruf auf dem Spiel steht … Also?

Erst mal Feierabend. Drehschluss. Nicht mal mehr ein letztes Bier, weil jedem die Lust vergangen war. Und dann den Besitzer irgendwie vertrösten. Vielleicht mit der Zusicherung, auf dem Rückweg wieder vorbeizukommen? Genau! »Wir holen dein Auto auf der Rückreise ab und nehmen es mit nach Köln«, versprachen wir ihm. »Egal wie.« Die Kosten durften jetzt keine Rolle mehr spielen. In diesem Fall ging es nur noch und ausschließlich um die Ehre.

Auf Norderney hatten wir das Erlebnis mit dem Mercedes, der scharfe Pfeifgeräusche von sich gab – wie schon erwähnt lag's am Auspuffkrümmer, der eine undichte Stelle aufwies. Und die Rückfahrt habe ich tatsächlich in diesem Unglücksauto gemacht, mal mit 40 Stundenkilometern auf der Autobahn, dann wieder mit 150, es war wirklich zum Verrücktwerden. In Köln dann also noch mal alles von vorn, die Lampen aufgebaut, die Kamera eingeschaltet und die Suche fortgesetzt – bis wir die Ursache endlich gefunden hatten: ein kaputtes Ventil, Neupreis 15 Euro. Aber wir hatten Spezialwerkzeug im Wert von 2000 Euro gebraucht, und diesen Fehler zu finden …

Ventile

Solche Pannen sind grundsätzlich unangenehm. Peinlich. Wir wissen ja: Es geht immer weiter, bis zum letzten Atemzug, manchmal allerdings fühlt sich ein drohendes Versagen für uns wie Sterben an.

HANS-JÜRGEN: Zwei Tage Ausruhen brauchen wir nach dieser Woche auf jeden Fall. Die Außendrehs zehren an den Kräften, machen aber eigentlich auch extrem glücklich. Schon deshalb, weil wir zwischendurch, in den Drehpausen, nie trübe herumsitzen. Einmal, in Bayern, wollte der Regen kein Ende nehmen. Es sah ganz nach einem verlorenen Tag aus. Da gab's nur eins: Alle Mann ins Brauhaus, ein paar Bier ordern, Essen bestellen und kräftig zulangen und weitere Biere in Auftrag geben. Und noch welche. Und gegen 22 Uhr die letzten.

HOLGER: Ein wunderbarer Tag. Wir saßen da vom Mittag bis in die Nacht, und immer wieder kamen Leute an unseren Tisch, setzten sich dazu und standen wieder auf und machten anderen Platz. Draußen regnete es in Strömen, drinnen wurden Gespräche geführt, auch ganz persönliche Gespräche innerhalb des Teams, mit jedem Bier wuchs das Gefühl der Verbundenheit, und am nächsten Morgen um sieben Uhr standen alle wieder auf der Matte.

Kurz und gut, die Außendrehs haben sich als die Erfüllung

im Leben der Autodoktoren herausgestellt. Aber auch zwischendurch, so drei-, viermal im Jahr, treibt es uns für die üblichen 15-Minuten-Filme hinaus ins Freie. Ab und zu juckt es uns einfach, Autos auf der Straße zu reparieren. Ich besorge dann morgens noch schnell Brötchen und Teilchen von meiner Lieblingsbäckerei, wir packen den Kofferraum mit Werkzeugen und Ersatzteilen voll, und wenig später liegen wir auf der Straße oder in der Garageneinfahrt unterm Auto. Ich finde das total sexy, auch weil wir die Leute persönlich kennenlernen, weil wir manchmal hinterher sogar eingeladen werden.

HANS-JÜRGEN: Eine Mischung aus Show und Abenteuer. Einmal waren wir in Dortmund, wo uns wahrscheinlich die Hälfte der Einwohner kennt. Wir liegen da vor einer Garage, von der Straße aus gut einsehbar, und jeder Zweite, der vorbeifährt, hupt oder winkt uns zu wie alten Bekannten. Und dann hält ein Transporter mit der Aufschrift »Getz kommt lecker«, ein Metzger steigt aus, und für den Rest des Tages sind wir mit Wurstbrötchen bestens versorgt.

HOLGER: Aber was uns wirklich nahegeht, sind die Menschen, denen wir helfen können. Es sind Leute darunter, die kaum Kohle haben. Etliche Werkstätten sind an ihrem Auto schon gescheitert, sie haben viel Geld dabei verloren, mittlerweile sind sie mit den Nerven am Ende, und jetzt kommen wir und können ihnen helfen. Hinterher stehen sie vor uns, haben Tränen in den Augen, nehmen uns in den Arm und drücken uns von Herzen.

Das ist die schönste Belohnung. Und dann laden sie dich womöglich noch zum Essen ein! Sie kochen für uns, sie werfen den Grill an, sie fahren Kuchen auf. Wir haben unseren Proviant zwar immer dabei, aber meistens werden wir von unseren Kunden durchgefüttert. Und wenn dann

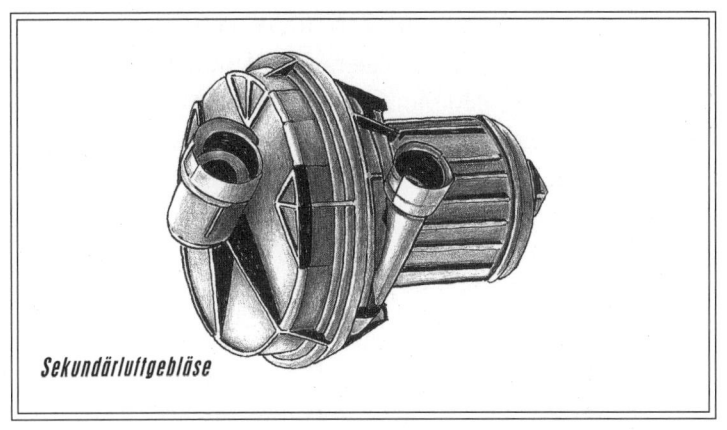

Sekundärluftgebläse

noch die Sonne scheint und die Würstchen auf dem Grill brutzeln, dann verschwimmt die Grenze zwischen Arbeit und Party, dann kriegt das Ganze einen familiären Anstrich, und es herrscht eitel Freude an allen Fronten.

HANS-JÜRGEN: Wobei wir es manchmal schon drauf anlegen. Lars wollte bei einem Außendreh den Fehlerteufel eines Audis den Zuschauern unbedingt im ausgebauten Zustand zeigen. Es war eine Sekundärluftpumpe – und die soll mit zusätzlich eingeblasener Luft im Auspuff für eine schnelle Erhitzung der Lambdasonde führen. »Damit fachen wir die Glut eines Grills an, dann gibt's danach vielleicht ja noch ein paar Würstchen«, meinte Lars. Gute Idee – das gab dann schöne und einfach erklärende Bilder und für jeden im Team Würstchen vom Grill.

Jetzt kann man natürlich fragen: Muss ein Mensch das wissen? Lars findet, ja. Und wir ja auch. Wahrscheinlich kann man auch in Unkenntnis des Sekundärluftgebläses glücklich werden. Jedenfalls haben wir die Kohle im Grill zum Glühen gebracht und dann besagtes Sekundärluftgebläse drübergehalten. In dem Moment, als die Luft raus-schoss, schlugen zur Freude aller Beteiligten hohe Flammen aus der Glut, und damit dürfte auch der Letzte verstanden haben: Das Gleiche spielt sich – im Prinzip – im Abgasstrang des Motors ab. Anschließend kamen die Würste auf den Grill, das Picknick im Kreis der glücklichen Kunden nahm seinen Lauf, und dann hieß es wieder: Ab unters Auto!

29.
Aus unserer Kuriositätenkammer

HANS-JÜRGEN: Holger, haben wir irgendwas vergessen?

HOLGER: Vielleicht sollten wir noch unsere Kuriositätenkammer öffnen. Unsere Sammlung der verrücktesten Defekte, der abstrusesten Kundenaufträge und der merkwürdigsten Kundenreaktionen.

HANS-JÜRGEN: Gut. Wenn ich anfangen darf … Unter verrückte Defekte fällt mit Sicherheit das Auto, das sporadisch, immer wieder mal von sich aus hupte. Die Besitzerin litt vor allem nachts unter dieser seltsamen Macke ihres Wagens; man kann's verstehen: Alles ist still, alle liegen in den Betten, und die arme Frau verzweifelt bei dem Versuch, ihr Auto zum Schweigen zu bringen … Woran lag's? Erst stellte sich heraus, dass er nur bei feuchter Witterung hupte, und dann zeigte sich: Das Relais war undicht. Da sickerte Wasser ein. Die Kontaktplatte war schon oxydiert. Also eine natürliche Ursache, kein Spuk. Die Besitzerin war hinterher so erleichtert, dass ihr beim Abschied die Tränen in den Augen standen.

HOLGER: Oder, Hans-Jürgen – du wirst es nicht glauben … Mir erzählte ein Kunde mal Folgendes: Wenn er im kalten Zustand in eine Rechtskurve fährt, weht die kalte Luft vom rechten Fußraum in den linken … Ob da irgendwas nicht stimme? Komisches Phänomen, habe ich gedacht – musst du mal ausprobieren. Und ohne Quatsch: Ich fahre morgens los, da wandert in der ersten Rechtskurve die Kaltluft tatsächlich zu mir auf die linke Seite rüber. Aber das ist normal. Das ist die Trägheit der Luft, das kannst du jeden Morgen in jedem Auto erleben.

HANS-JÜRGEN: Zum Beispiel in meinem Wohnmobil. Anfangs schwappt in jeder Rechtskurve die Kaltluft zu mir rüber.

HOLGER: War mir aber noch nie aufgefallen. Ich hab's dem Kunden dann genauso erklärt, und der war zufrieden. Oder – ein Kunde kommt zu mir und bemängelt, dass sein Auto Wasser verliert; er ist wegen einer kleinen Pfütze besorgt, die er jeden Morgen unter seinem Wagen vorfindet. Auch diese Sache löst sich rasch in Wohlgefallen auf: Die Pfütze kam nämlich durch das Kondenswasser der Klimaanlage zustande; kein Grund zur Beunruhigung. Klimaanlagen haben nun mal die Angewohnheit, Feuchtigkeit abzusondern.

Und wenn es um Lösungen geht, über die du hinterher nur den Kopf schütteln kannst: Bei einem Außendreh haben wir es mit einem Auto zu tun, das zeitweilig nicht anspringt. Mehrere Werkstätten haben schon dran rumgeschraubt und schließlich das Handtuch geworfen – wir stellen nach zwei Minuten fest: Ein Batteriepol ist kaputt. Das sind die berühmten Augenblicke, in denen du deine Umgebung nach der versteckten Kamera absuchst. Andere Werkstätten haben sich an diesem Fahrzeug vergeblich abgemüht, wir sind 100 Kilometer weit gefahren, um unser Können an einem besonders rätselhaften Fall zu demonstrieren, und dann entdecken wir ein Anschlussloch in der Polklemme der Batterie ... Soll man jetzt lachen oder weinen?

HANS-JÜRGEN: Aber nicht nur wir kommen uns manchmal verarscht vor. Es gibt auch Kunden, die sich ihrerseits von uns auf den Arm genommen fühlen, nämlich dann, wenn ihnen die Lösung zu einfach erscheint, wenn wir mit dem berüchtigten Tröpfchen Lötzinn ankommen, nachdem sie Tausende von Euro losgeworden sind. Da bringt uns zum Beispiel jemand ein Fahrzeug, bei dem der Anlasser nicht funktioniert. Der Fall wird gefilmt, und vor der Kamera stellen wir fest: Der Anlasser tut's nicht. Welche Überraschung … Wir bauen einen neuen ein, und schau an, der Wagen lässt sich starten. Hinterher sagen wir dem Kunden: »Der Anlasser war defekt.« Aber er fällt uns nun keineswegs um den Hals – er protestiert! »Kann gar nicht sein«, sagt er. »Den Anlasser habe ich schon erneuern lassen. Sogar zweimal.« Aha? Ja, beide Anlasser waren Billigteile gewesen; wir dagegen hatten ein Qualitätsprodukt eingesetzt. Kurz und gut, sein Wagen tat's wieder, aber der Mann war trotzdem unzufrieden, weil er uns in Verdacht hatte, Märchen zu erzählen: Der Anlasser konnte es ja gar nicht gewesen sein … Tage später rief er allerdings an und bedankte sich doch noch – bei manchem dauert's eben etwas länger, bis er von seiner Vorliebe für Billigteile kuriert ist.

Argwöhnische Kunden nach erfolgreicher Reparatur – kommt nicht alle Tage vor, gibt es aber. Und damit wären wir bei dem Fiat in Bonn, der jede Menge Sprit fraß, stotterte und rußte. Ein Fall aus der Serie »kleines Versehen, große Wirkung«.

HOLGER: Richtig … Und nun zu den Einzelheiten. Der Besitzer war Inhaber einer Pizzeria in Bonn und das Auto ein Firmenwagen vom Typ Punto zum Pizzaausfahren. Schauplatz war der Parkplatz neben seiner Pizzeria, und das Publikum, das sich oben an der Balustrade der Dachterrasse drängte, bestand unter anderem aus jenen Menschen, die sich zuvor selbst ergebnislos an diesem Auto versucht hatten, darunter zwei Kfz-Meister. Überflüssig zu sagen, dass alle dort oben mit unserem Scheitern rechneten, denn wenn Spezialisten ihres Kalibers den Fehler schon nicht finden konnten … wer denn bitte dann?

Ein Hauch von Schadenfreude lag also von Anfang an in der Luft. Es war aber auch ein komplizierter Fall. Nur – was wir wussten und sie vielleicht nicht: Bei komplizierten Fällen muss man auch kompliziert denken. Das heißt oft, bis an den Anfang der Leidensgeschichte eines Autos zurückgehen und dann jeden einzelnen Schritt rekapitulieren. Bekannt war, dass der Wagen einen Unfallschaden gehabt hatte. Dass er in einer Karosseriewerkstatt zusammengeflickt worden war. Dass der Motor dort aus- und wieder eingebaut worden war. Konnten – und diese Überlegung verdankte sich jetzt unserem eigenen Kombinationsvermögen – bei dem Einbau nicht zwei Stecker vertauscht worden sein? Es wäre nicht das erste Mal … Wir liegen also unter diesem Punto, und listig, wie wir sind, lenken wir unser Augenmerk auf zwei identische Stecker, der eine vom Saugrohr-Drucksensor und der andere von der Leuchtweitenregulierung. Sollte der Drucksensor vielleicht den Widerstand von der Leuchtweitenregulierung empfangen? Versuchen wir's.

HANS-JÜRGEN: Holger tauscht die beiden Stecker, und der Wagen läuft. Einwandfrei.

HOLGER: Information an die Empore: »Es waren bloß zwei Stecker vertauscht!« Aha … Grinsen, Nicken, Abwinken. Jedenfalls kein Applaus. Und hinterher stecken seine Freunde dem Inhaber der Pizzeria: »Alles Quatsch. Kann gar nicht sein. Alles bloß Show fürs Fernsehen …« Klar, die sind sauer, die würden sich am liebsten in den eigenen Hintern treten. Ob ihre kleine Desinformationskampagne nun beim Inhaber verfängt oder nicht, der Mann lässt sich beim Abschied jedenfalls nichts anmerken, aber zwei

Wochen später erhalten wir seinen Anruf: »Auto läufte super. Isse absolute Spitze. Möchte euch alle einladen zum Essen!«

Na bitte, geht doch. Wir sind hingefahren, mit unseren Frauen, das gesamte Team. Er hatte einen Alleinunterhalter engagiert, einen nimmermüden Menschen, der seiner elektrischen Orgel Stunde um Stunde italienische Schlager entlockte, während wir den ganzen Abend auf seine Kappe gegessen und getrunken haben. Seine Freunde von der Dachterrasse waren nicht erschienen – vielleicht zur Strafe erst gar nicht eingeladen, vielleicht auch nach wie vor stinkig –, aber für uns hat er in seiner Begeisterung ein richtig fettes italienisches Gelage veranstaltet. Und jetzt, da sich alle versöhnt in den Armen liegen, auf dem Höhepunkt der Lustbarkeiten, senkt sich der Vorhang vor dieser Szene grenzenlosen Schrauberglücks, und das war's. Also, bis nächsten Dienstag. Oder Freitag. Bleibt dran … Eure Autodoktoren

Hans-Jürgen Faul
Holger Parsch

ANHANG:
Vorbereitung auf den Werkstattbesuchs

Bei Erteilen des Auftrags bitte beachten:

Don't:

»Da stimmt was nicht, gehen Sie der Sache mal auf den Grund. Schauen Sie mal, was es sein könnte …« – das ist zu wenig konkret, eine gute Werkstatt erkennen Sie aber schon daran, dass sie dezidiert nach dem fragt, was wir »Kundenbeanstandung« nennen. Heißt: Es lohnt sich, möglichst genau zu werden bei der Beschreibung der »Symptome« und deren Begleitumstände – das haben wir unten detaillierter aufgeführt. Bitte lassen Sie möglichst keine eigenen Rechercheergebnisse oder Vermutungen zur Ursache mit in die Beauftragung einfließen (»schauen Sie mal nach dem Luftmassenmesser, in den Foren heißt es, das könnte die Ursache sein …«).

Do:

Vereinbaren Sie klare Regeln mit der Werkstatt – z.B. »sollten die Kosten 100 Euro übersteigen, rufen Sie mich bitte an und erläutern Sie mir dies, bevor Maßnahmen ergriffen werden.« Bei uns machen wir es so: Der Kunde gibt eine Stunde Fehlersuche frei, danach wird gemeinsam am Telefon beratschlagt, was die weiteren Schritte sind.

Vor der Inspektion

1. Klare Formulierung der Auftragserteilung: Es soll eine Inspektion nach Herstellervorgaben durchgeführt werden (bei Besuch einer nicht vertragsgebundenen Werkstatt).
2. Jede Position, die die Kosten erhöht, muss telefonisch abgesprochen und beauftragt bzw. freigegeben werden (Mehrarbeit sowieso nur nach Absprache).
3. Wollen Sie Einfluss auf die Qualität der verwendeten Ersatzteile nehmen? Dann sollten Sie in den konkreten Fällen auch über Marken- oder Markennamen sprechen. Generell gilt: Im Zweifel zählt eher Qualität, statt Preis – also bitte keine Billigteile!

Vor dem Urlaubs-/Winter-/Frühjahrs-Check

1. Diese »Checks« sind nicht wirklich einheitlich geregelt, sodass gar nicht klar ist, was geprüft werden soll. Daher unbedingt das Gespräch mit der Werkstatt suchen und klarer umreißen, was das Ziel ist.
2. Will ich in den Urlaub fahren? Dahin, wo es heiß ist oder eher kalt? Mit einem schwereren Anhänger bzw. Wohnwagen? Oder starker Beladung?
3. Oder geht es in den Winterurlaub? Was ist mit Schneeketten oder Winterreifen?
4. Frühjahrs-Check: Bin ich Allergiker? Wann wurde zuletzt der Pollenfilter usw. getauscht?
5. Generell gilt: Solch ein Check ersetzt keine Inspektion und sieht kaum die Behebung eines Wartungsstaus vor.

Da ist dieses Geräusch …

1. In welcher Verkehrssituation oder bei welchem Fahrmanöver tritt das Geräusch auf?
2. Bei Vollgas oder beim Schrittfahren?
3. Beim Gasgeben oder beim Gaswegnehmen?
4. Beim Beschleunigen oder beim Bremsen?
5. Bei Kurvenfahrten, bei Geradeausfahrt oder bei Schlangenlinien?
6. Bei warmem oder kaltem Motor?
7. Rappelt es vorne, links, hinten oder rechts? Beachten Sie, dass in engen Straßen, wo die Häuserwände das Fahrgeräusch verstärkt zurückwerfen, die Akustik den Ohren einen Streich spielen kann.
8. Bei welchem Wetter tritt der Fehler auf?
9. Auf abschüssiger oder ansteigender Straße oder bei Schräglage?
10. Warum tritt der Fehler auf? – Diese Frage zu beantworten, ist dann Sache der Werkstatt …

Die Batterie ist immer wieder leer …

1. Nach welchem Zeitraum ist die Batterie entladen? Über Nacht oder nach drei Wochen?
2. Steht der Wagen in der Garage oder draußen? Ist der Wagen dann abgeschlossen?
3. Sind irgendwelche Veränderungen vorgenommen worden? Zum Beispiel ein neues Radio eingebaut o.Ä.?
4. Wie alt ist die Batterie, die im Fahrzeug ist?

Das Fahrzeug ruckelt

1. Wann ruckelt es? Beim Beschleunigen oder auf der Autobahn im Teillastbereich (wenn man also im gleichbleibenden Tempo fährt), ruckelt es beim Bremsen oder in den Kurven?
2. Unbedingt zusammen mit dem Werkstattmeister eine Probefahrt machen, dabei selbst fahren und dem Meister die Situation demonstrieren, in der das Fahrzeug ruckelt. Danach sollte der Kfz-Meister fahren und so selbst ein Gefühl für das Problem bekommen.

Das Auto springt nicht an

1. Wenn das Auto nicht anspringt, sollte die Problembeschreibung ebenfalls so präzise wie möglich sein: Springt es nicht an, weil der Zündschlüssel gedreht bzw. der Startknopf gedrückt wird und der Anlasser (Starter) nicht anläuft, oder kann man »orgeln«, doch der Motor springt nicht an?
2. In welchen Situationen springt es nicht an: Morgens nach längerer Standzeit? Nur bei kalten oder heißen Außentemperaturen? Oder wenn der Motor sehr heiß ist? Oder nur nach längeren Fahrten (wie lange?)?
3. Ganz wichtig: Beobachten Sie Ihre Kontrollleuchten: Bleiben die Leuchten an beim Starten oder gehen sie aus?
4. Schauen Sie auf das Kontrolllämpchen mit dem Batteriesymbol: Ist das an bei eingeschalteter Zündung?
5. Und natürlich – wie immer: Sind schon irgendwelche Arbeiten aufgrund dieser Beanstandung durchgeführt worden? Oder sind irgendwelche Teile getauscht worden?

Das Auto zieht nach links oder rechts

1. Zieht der Wagen zu einer Seite beim Bremsen, zieht er zu einer Seite auf einer geraden glatten Straße? Oder zieht er in eine Richtung beim Beschleunigen?
2. Ist der Fehler fahrbahnabhängig? Zieht der Wagen einseitig bei unterschiedlichen Fahrbahnzuständen? Wie ist es bei trockener Fahrbahn oder nasser Fahrbahn?
3. Ist dieses Symptom mit irgendeinem Ereignis in Zusammenhang zu bringen: Bordsteinrempler oder Tausch der Sommer- bzw. Winterreifen?

Dem Auto fehlt Leistung

1. Ist dieses Problem aufgetreten, nachdem das Fahrzeug bei einer Inspektion gewesen ist? Tritt der Fehler ausschließlich bei schnellen Autobahnfahrten auf oder beim Beschleunigen?
2. Ist die Drehzahl schneller oben als die Geschwindigkeit, also: Zeigt mein Drehzahlmesser mehr an als mein Fahrzeug fährt?
3. Habe ich diesen Fehler nur im Stadtverkehr? Habe ich das Gefühl, dass mein Fahrzeug früher mehr Leistung hatte? Habe ich das Gefühl, dass mein Fahrzeug über einen längeren Zeitraum immer weniger Leistung hat?
4. Sehr oft merkt man selbst gar nicht, wenn ein Fahrzeug weniger Leistung hat, weil diese Prozesse sich teilweise langsam einschleichen. Erst wenn eine unbeteiligte Person oder jemand in der Werkstatt mal mit dem Auto fährt, fällt auf, dass das Auto tatsächlich zu wenig Leistung hat.

Im Auto stinkt es

1. Wonach riecht es? Verbrannt? Verkokt? Nach alten Socken?
2. Riecht es verbrannt oder verkokt, stimmt häufig etwas mit dem Einspritzsystem nicht. Das kann die Werkstatt über entsprechende Messungen herausfinden.
3. Riecht es nach Benzin? Dann wäre die nächste Frage: Nimmt der Geruch ab oder zu, wenn man die Fenster öffnet? Gibt es irgendein Ereignis, seitdem der Fehler auftritt?
4. Nimmt der Geruch ab und es riecht eher nach alten Socken, konzentriert sich die Suche häufig auf das Klimaanlagensystem. Riecht es muffig und vermodert, kann es sich aber auch um eine Undichtigkeit durch stehende Feuchtigkeit im Innenraum handeln. Auch hier die Frage: Steht das Auto draußen oder in der Garage – wann wird ein Geruch stärker oder schwächer?

Das Auto schaltet nicht oder zu spät

1. Wenn ein Auto nicht oder zu spät schaltet (Automatikgetriebe), muss ebenfalls die Fahrsituation genau beschrieben werden, in der das Problem auftritt. Auch hier wieder: Kommt der Fehler immer vor oder nur im Stadtverkehr oder nur, wenn der Motor noch kalt ist?
2. Meist dreht der Motor dann unnötig lange unnötig hoch – ist schon mal ein Software-Update oder eine Getriebeölspülung durchgeführt worden? Viele Probleme können mit einer Getriebeölspülung gelöst werden – das ist allerdings meist nicht gerade preiswert.
3. Am wichtigsten auch hier: Bitte führen Sie eine Probefahrt mit einem Fachmann aus der Werkstatt durch!

Danksagung

Jetzt also auch noch ein Buch. Wir sind zuvor schon einige Male gefragt worden – und wir haben abgelehnt, weil wir es uns einfach nicht vorstellen konnten. Ein Buch erfordert so viel Arbeit, und nun ist es doch vollbracht. Dass dies überhaupt möglich war, verdanken wir zuallererst unseren Ehefrauen Angelika und Elke, die uns bei diesem Projekt unterstützt haben. Ohne euch und eure Liebe geht es sowieso nicht, im ganzen Wahnsinn rund um Werkstattleitung und Dreharbeiten haltet ihr uns den Rücken frei. Genauso natürlich unsere Familien. Es ist schön und erfüllend, euch an unserer Seite zu wissen

Besonderer Dank gilt unserem Entdecker, Produzenten und vor allem Freund Lars Faust – du hast »Die Autodoktoren« ins Leben gerufen, geformt und all das durchlebt, was im Buch zu lesen ist. Und auch vieles, was nicht im Buch steht. Ohne dich, deinen kritischen Blick und all die Lektoratsstunden wäre es auch hier nicht gegangen. Danke, Lars! Und Danke auch an deine Mitarbeiter von Fabula Film, insbesondere Philipp aus der Redaktion und die Jungs an der Kamera und im Schneideraum: Basti, Patrick, Markus – ihr seid die Besten!

Für die Fernsehdrehs aber kann es bei uns nur einen Kameramann geben: Darius König! Darius, du machst auch unter widrigsten Umständen virtuose Bilder, man hört dich nie jammern, dir ist keine Schicht zu lang und du bist immer für uns da. Einfach nur Danke!

Mehr als nur hochprofessionelle Unterstützung haben uns die Leute vom Verlag gegeben. Allen voran danken wir Leo G. Linder, der das aus unserer Sicht Unmögliche möglich gemacht hat: Aus stundenlangen Aufzeichnungen gesprochenen Wortes in vielen Tag- und Nachtschichten solch einen Text zu verfassen – einfach nur klasse! Stellvertretend für all die vielen weiteren guten Geister beim Knaur Verlag seien hier auch Dr. Caroline Draeger und Florian Fischer genannt. Herr Fischer war gerade zu Beginn die treibende Kraft, hat dieses Projekt angestoßen und das Unterfangen immer wieder gestützt. Und Frau Dr. Draeger hielt alle Fäden zusammen: Sie war Kummerkasten, Impulsgeber, Organisationswunder und verständnisvoller Berater zugleich und hat darüber hinaus auch den letzten Feinschliff in die Texte und Illustrationen gebracht. Ihr habt alle verspäteten Abgaben und vieles andere erduldet – das war einfach toll!

Ohne Volker Groth, Redaktionsleiter der VOX-Sendung »auto mobil«, hätte es dieses Buch auch nicht gegeben. Du, lieber Volker, hast das TV-Format der Autodoktoren von Beginn an gefördert, du hast uns unterstützt und auch in schwierigen Momenten zu uns gestanden. Für uns bist du zusammen mit der gesamten Redaktion und CvD Ralf der Fels in der Fernseh-Brandung. Danke!